经济管理学术文库·经济类

不平等理论视角下的中国环境污染

An Inequality Theory Perspective on the Environmental Pollution in China

陆宇嘉／著

图书在版编目（CIP）数据

不平等理论视角下的中国环境污染/陆宇嘉著. —北京：经济管理出版社，2015.11
ISBN 978-7-5096-4045-6

Ⅰ. ①不…　Ⅱ. ①陆…　Ⅲ. ①环境污染—研究—中国　Ⅳ. ①X508.2

中国版本图书馆 CIP 数据核字（2015）第 268074 号

组稿编辑：杨国强
责任编辑：杨国强
责任印制：司东翔
责任校对：雨　千

出版发行：经济管理出版社
（北京市海淀区北蜂窝 8 号中雅大厦 A 座 11 层　100038）
网　　址：www. E-mp. com. cn
电　　话：（010）51915602
印　　刷：北京九州迅驰传媒文化有限公司
经　　销：新华书店
开　　本：720mm×1000mm/16
印　　张：12.5
字　　数：162 千字
版　　次：2015 年 11 月第 1 版　　2015 年 11 月第 1 次印刷
书　　号：ISBN 978-7-5096-4045-6
定　　价：48.00 元

前　言

环境污染一直是工业社会发展进程中让人困扰不已的现实性问题，它对自然环境、人类的生产活动、人类及自然生物的生命健康等会造成直接的破坏和影响。环境污染的危害存在多面性，不仅吸引了经济学、法学、哲学等诸多学术领域学者和研究人员的深度思考，也同时引发了社会公众的广泛关注。环境不平等是环境经济研究中相对新颖的一个理论，与环境哲学中的“环境正义”同为环境研究中的前沿课题，其概念来自于20世纪80年代在美国北卡罗来纳州爆发的环境公平运动，这一运动的爆发使人们意识到不同群体间存在环境不平等。此后，学术界根据其内涵进行扩展性研究，将环境不平等问题的讨论从群体扩展至地区。

中国工业遵循着高投入、高消耗的粗放型发展模式，能源效率利用低下，致使生态环境长期遭受工业污染的破坏，节能减排势在必行。然而，减少污染排放意味着可能的经济利益减少以及治污减排成本的提高，减排任务的安排更涉及不同地区间的利益分配。要合理地安排减排任务，则需要兼顾地区发展及污染排放的不平等特征。环境污染的最终承担者为社会成员，地区环境负担差异会使人们面临不同的环境风险，而环境不平等的加剧会产生环境不公平，因此研究地区环境不平等是分析群体环境不平等的基础，也是分析环境公平的起点。

本书首先详细描述了环境不平等产生的现实背景，界定和阐述了环境不平等的概念。然后从不平等理论视角出发，对不平等理论下的不平等图表测度工具进行了较全面的回顾，在分析指标遴选公理的基础上对不平等的测度指标进行了系统性梳理。在分析研究环境污染问题国内外相关研究文献之后，从中国环境污染现实出发，度量和分解了以工业污染排放为主体的地区环境不平等，考察了如经济发展水平、产业结构、对外经济依存度、城镇化率以及外商直接投资水平等因素对环境不平等的影响机制，从政府环境规制——环境治理角度出发，测度分解了地区间环境治理效率，试图系统地对中国地区环境不平等的产生作出较为合理的理论解释。

本书的主要内容如下：

（1）对环境不平等概念的产生背景和历史发展作了简要回顾，结合中国现实背景对本书撰写初衷进行了解释。对地区环境不平等的相关概念定义，明确了书中地区环境不平等的理论内涵。从群体和地区的分类角度，对环境不平等的理论演变进行了全面综述，从而为研究中国地区环境不平等奠定了理论基础。

（2）对环境污染排放影响因素的三个基本模型进行阐述，并对经济增长与环境污染的环境库兹涅茨理论假说的产生和发展进行梳理，针对中国的相关经验研究进行总结分析。通过 3 个经典环境压力影响基本模型以及环境库兹涅茨曲线文献梳理可以看出，经济发展水平、人口以及技术进步等因素是影响环境污染排放的关键因素。

（3）对不平等测度的理论基础进行详细阐述，分析中国环境污染排放现实，以便于进行地区间环境不平等度量及变化趋势研究。运用相关工业污染排放数据（主要是工业废水、废气及工业固体废弃物 3 个方面）进行横向以及纵向直观对比，对区域间环境负担不平等状况进行基本了解并提供重要数据支持；采用多种指标工具从“省际”层面和“东中西部”三大区域视角度量工业污染物的地区排放差异及相应变化趋势，并通过成熟的组群分解技术对地区环境不平等状况作进一步深入分析，以从不同角度更为全面地了解中国地区间环境不平等的现状。

（4）探讨了地区环境污染的影响因素，对地区工业污染排放的驱动因素进行实证分析。主要结合理论文献以及中国经济环境发展的现实，提出可能导致区域间环境负担差异产生的各方因素。在理论分析的基础上，运用基于面板数据的固定效应、随机效应模型方法以及可行的广义最小二乘法（FGLS）分别对“省域”以及“东中西部”视角下地区环境污染排放进行环境库兹涅茨假说的检验，并最终确定工业污染排放强度的决定方程。

（5）分析了不同影响因素对地区环境不平等的贡献。通过借鉴收入的不平等分解，采用基于回归方程的夏普利值分解（Shapley Decomposition）对地区环境负担不平等进行因素分解，以明晰诸因素对地区环境负担差异的贡献和影响程度，最终利用各年份不同环境污染物排放不平等的分解结果从定量的角度解释地区环境不平等产生的原因。

（6）从环境治理角度出发对现阶段政府控污治污的有效政策手段——环境治理投入在各地区的运行效率进行了测度分解，在此基础上探讨了环境治理政策实施对地区间环境污染差异的影响。研究认为，在区域间环境污染治理效率的差距以及累积效应的长期共同作用下，中国东中西部环境治理差异的逐渐扩大，并且这种影响在一定程度上加深了西部的劣势，现行的环境政策并未起到缩小地区间环境污染排放差异的作用。最后基于理论和实证分析结果，归纳本书的主要研究结论，在此基础上提出相关政策建议，并针对研究的不足提出研究展望。

本书是在前期研究成果基础上整理加工形成的，与重庆大学杨俊教授对我的悉心指导密不可分。在成书过程中，得到了西南科技大学和四川循环经济研究中心的项目资助，以及众多领导和专家的关心和指导，在此一并致以诚挚的谢意。此外，还要将此书献给我的家人和朋友，感谢你们的无私奉献和陪伴。

目　录

第一章　环境不平等理论的产生和发展

改革开放后，中国经济的高速增长使其跻身为全球第二大经济体，但地区间经济发展的不平衡以及经济发展造成的环境问题日益突出。在过去的30多年里，中国近半数水系遭受严重污染，地下水质逐渐下降，对能源的空前依赖使其成为温室气体的最大排放国，空气质量也愈加恶劣。在此现实背景下，学者们及政府部门对中国地区发展差异以及地区环境问题日益重视，但却极少关注各地区间的环境不平等问题。在社会发展意义上，公平性原则是保障可持续发展实现的首要原则，环境公平则是社会公平的重要组成部分，其实现与否关系到社会中每个公民的切身权益。地区环境不平等作为环境不公平问题的最基本表现形式，必定存在于社会发展过程之中。一旦不平等超过可接受范围，就会转化为不公平。生活、工作在环境污染程度不同地区的公民，承受的环境风险也会存在较大差异，由此产生的群体间环境不平等，会使人们陷入收入以及环境导致双重不平等困境。长此以往，不但会滋生更多的社会矛盾，还会引起社会发展的停滞甚至倒退。研究地区间环境不平等是分析群体间环境不平等的基础，也是探讨环境公平的起点。为方便后面的讨论，本章首先对环境不平等理论的产生背景进行简要阐述，解释本书对地区环境不平等概念的界定，并通过搜集到的文献对学术界目前环境不平等理论的发展进行详细地评述。

第一节　环境不平等理论产生的现实背景

在以经济增长为目的的社会发展前提下，自然环境及资源常常不可避免地成为推动社会历史进程的奠基石。长期以来，以牺牲环境及资源为代价的经济发展模式使得环境与社会发展中积累的各种矛盾逐渐显现。

一方面，人们逐渐意识到环境的重要性，开始寻求更加清洁的生活和工作环境，而现实却是由于有效环境规制及相关行政监管的长期缺失，整个自然生态和人类居住环境都遭受不同程度的破坏，有些破坏甚至不可逆转；另一方面，在前期经济发展中积累了相当物质资本的人群，在社会发展中拥有相对较高的社会地位，能够通过社会地位赋予的话语权影响产生污染源的工厂或项目选址，使其远离自己生活的区域，从而改善自身的居住环境，而那些在前期经济发展中没有得到“好处”的群体，不仅无力改善自身的居住环境，并且还可能面临承担通过前者转移而来的环境污染风险。此外，从地区或者国家层面上来说，也存在前述的污染转移现象，经济发达的地区或国家，通过将污染产业转移到欠发达的地区或国家，实现了自身环境的改善；经济发展相对落后的地区或国家为了实现经济的增长，不得不考虑接受污染产业在其范围内发展，从而陷入环境质量改善和经济增长不可兼得的两难境地。

然而，上述矛盾的存在并未引起人们的重视。直到 20 世纪 80 年代，在美国北卡罗来纳州的华伦县爆发了一场大规模的抗议，以反对在当地兴建有毒垃圾的掩埋设施，才使得公众开始广泛关注这些社会矛盾以及其背后的环境公平/正义（Environmental Equity/Justice）问题。

它使人们意识到某些社区会成为蓄意倾倒废物的场所，从而面临更严重的环境污染。美国环境保护局（Environment Protection Agency，EPA）更针对这次抗议活动，将环境公平/公正的概念定义为：在不考虑种族、肤色、性别、国籍和收入的前提下，所有人在环境法律、法规和政策的制定、实施和执行下的同等对待和同等参与。此后，环境公平的概念在美国国内广泛传播，并迅速在全球范围内流行，学术界关于环境不平等的研究也开始大量涌现。环境公平运动爆发的实质是地区间环境负担差异的长期积累导致群体间环境风险差异的加剧，它反映了环境不平等问题的悬而未决，最终发酵为群体事件的过程。研究人员从环境理论与法规、社会学、地理学以及公共管理等方面对环境不平等问题展开讨论，最终使其成了一个综合性的跨学科领域。与此同时，环境公平的内涵也得到了不断的扩充。时至今日，对于环境不平等的研究已不仅仅针对不同群体间的环境利益获取以及环境负担问题，还包括不同地区或国家间的环境利益获取以及环境负担问题，其研究类型也从代内层面扩展到了代际层面。

无论是从现实或是从学术层面上讲，环境公平都是社会公平的重要组成部分，也关系到社会经济能否持续发展的重大问题。环境不平等已经在美国环境政策的首要议程上存在了近 20 年，越来越多的环境运动使得美国政府采取各级行动响应并解决环境不平等问题。比较而言，中国的环境不平等在学术和政策的层面上，都没有得到足够的关注。然而，缺乏足够的重视，并不意味着不存在环境不平等。

中国经济在改革开放后保持了高速的增长态势，与此同时经济社会开始浮现各种矛盾，其中，环境与工业生产间的矛盾尤为明显。由于工业化发展遵循着高投入、高消耗的粗放型增长模式，能源效率利用低下，致使生态环境长期遭受工业污染的破坏，部分地区居民的生活环境质量与经济增长状况相背离。为转变此前长期依赖的经济增长方式，政府部门出台了一系列相关政策措施，但资源环境代价依然巨大。根据世界银行在《世界发展指标 2006》中的测算数据，中国有 13 个城市列入全球空气污染最严重的前 20 个城市。中国环保部的报告指出，2008 年全国七大水系中，近 50%的水源为重度污染。除此之外，中国在 2005 年的温室气体排放量就已排位世界第一，在 2007 年又成为与能源相关的二氧化碳最大排放国（IEA，2012）。工业废水以及工业固体废弃物的排放量和产生量也逐年上升，分别由 2005 年的 524.5 亿吨和 13.4 亿吨增加到 2010 年的 617.3 亿吨和 24.1 亿吨（《中国统计年鉴（2011）》）。同时，中国二氧化硫在 2010 年的总体排放量超过了美国和欧盟的总和，跃居全球二氧化硫排放"黑名单"榜首（Hill，2013）。更严重的是，二氧化硫以及氮氧化物的排放会分别引起诸如地面臭氧、大气颗粒物聚集、河道及更广泛流域水体的富营养化等二次污染，而这两者共同导致的酸雨则会进一步影响水生生物、农作物和其他植被的生长，并破坏建筑外墙。虽然近几年酸雨在中国的发生率有所下降，但它仍然是一个严重问题。根据中国环保部的报告，2011 年超过 10%的中国陆地受到了酸雨的侵害，这其中包括长江流域以及东南部的耕地和人口稠密地区。此外，在 468 个被监测的城市样本中，近半数的城市均出现了酸雨频发的状况（Hill，2013）。

与此同时，中国地区经济发展极不平衡。由于政策性偏倚和资源禀赋差异，在计划经济体制时期，西部地区承担了大部分的资源型企业，将初级产品和能源不断提供给东部地区，在东部加工升值后的产品又回销至西部，造成地区经济发展差距越来越大。此外，因为产业发展侧重不同，地区间工业污染排放差距逐渐增大，区域间的环境负担差异不容小觑。环境污染与地区间环境不平等的最终承担者始终是社会成员，与经济增长带来的收入或财富分配不均衡类似，人们被迫承担由地区环境不平等带来的环境风险也并不均等。从已有文献研究来看，污染严重地区往往成为低收入者工作居住的家园，而污染地区低廉的土地租金和较弱的居民维权能力则可以吸引新的污染设施进驻，从而陷入环境不平等的恶性循环（Been 和 Gupta，1997；Hamilton，1995；Oakes 等，1996）。由此可见，地区环境不平等会带来群体环境负担差异，而群体环境负担差异又会进一步加深地区环境不平等，两者相辅相成。此外，环境污染还会对劳动生产率产生显著影响（杨俊和盛鹏飞，2012；Graff Zivin 和 Neidell，2012），地区环境负担差异的扩大则可能导致各地区劳动生产水平差异的加剧，进一步抑制整体经济协同发展。因此，正视并解决中国社会发展过程中的环境不平等问题，对每个社会成员都能够公平公正地享有清洁环境权利，感受社会经济发展带来的环境福利，推动环境品质的改善有非常积极的作用（Torras 和 Boyce，1998）。政府部门对环境不平等问题的重视程度以及相关政策的制定实施，也将直接影响环境不平等问题的解决效果以及环境不平等危机的演变方向，即得到缓解、保持平稳还是持续恶化。

目前，媒体以及少量的学术研究成为极少数正视中国环境不平等问题的重要渠道。从近年公众对中国环境不平等问题的关注度来看，公众、非政府组织以及环境保护者对环境公平的呼声持续上升，媒体对环境不平等问题的报道也愈加频繁（Chen，2005；Palmer，2007），然而，与美国、加拿大等发达国家相比，中国环境不平等问题的政策关注度以及学术关注度都较低，相关研究非常欠缺。此外，随着经济发展，治污和减排成本逐渐提高，污染控制和治理难度也会相应增加。如果忽略地区发展及工业污染排放的差异特征，采取“一刀切”的方式分配污染防治目标，不仅可能抑制产业发展并影响当地经济，而由此带来的负面效应还可能造成政府对污染治理投入财政划拨困难，产生“富者环境越清洁，穷者环境越恶劣”的马太效应。因此，在分配减排治污任务，调整相关产业和能源政策时，必须把握区域污染排放的差异现状、变化趋势以及影响因素，进行合理的地区分配，有针对性地出台相关的行业政策，从而才能更加公平有效地保证减排及治污目标的实现和经济成本的相应降低。

中国正面临历史性的第三次重要经济结构调整，增长方式由粗放型向集约型转变，“十二五”规划中也再次明确强调了节约资源和保护环境的基本国策。中国社会可能存在的地区环境污染负担不平等以及公众对污染的暴露风险不平等一系列环境不平等问题，亟须在相关理论及政策指导下解决。在中国整体经济增长有所放缓、环境污染日益严重和公众环境意识逐渐提升的背景下，本书选择环境不平等作为研究主题，具有较强的学术和实用意义。目前，学术界对于中国环境不平等问题的研究不仅零散，缺少实证依据，而且缺乏针对环境不平等问题的专门性研究，有必要对中国地区环境不平等进行较为系统的理论和经验分析。

第二节　环境不平等的概念界定

一、环境不平等

在环境公平运动发起后的 30 多年间，学者们从各自的学术领域围绕环境不平等问题展开了广泛的研究。对搜集到的环境不平等（Environmental Inequality）文献进行梳理后可以发现，涉及的文献均未对环境不平等的概念进行解释或界定，而是从环境不平等的对立面——环境公平进行了定义。

根据对相关文献资料的整理，国际上对环境公平的定义最早可以追溯到 1992 年美国环境保护局（EPA）发布的名为“环境公平：降低所有社区风险”的研究报告。在该报告中，环境公平被定义为“环境利益和风险在不同收入和文化群体中被公平而成比例地分配，政府应保障与这种分配相关的政策和程序不具区别地对待不同收入和文化群体。”[①]此后，著名社会学家 Robert Bullard（1996）发表了自己的看法，他认为环境公平应是这样的原则，即“所有人和群体都有资格享有环境及公共健康法律法规的平等保护”。在此基础上，经过长年的政治和司法考虑，美国环保局在 2001 年将以前的表述再次修正为“在不考虑种族、肤色、性别、国籍和收入的前提下，所有人在环境法律、法规和政策的制定、实施和执行下的同等对待和同等参与。同等对待是指，没有人因为政策或经济不作为，被迫承担由工业、城市以及商业运作或者联邦、州府、县镇以及部落规章政策执行导致的不成比例的健康损害、环境污染影响及后果”（Paul Mohai 等，2009）。

由于美国是环境公平运动的发源地，并且政府对现存环境不平等问题所进行的积极应对和解决（包括成立专门的环境公正办公室以受理各类环境不公平事件，收集并测评中小学校附近的环境污染状况以保障安全健康的学习环境，建立透明的信息系统以协助公民通过互联网地图知晓所居住社区周围存在哪些污染工厂和隐性污染等），使其官方定义为人们普遍接受。而随着学术界对环境公平问题研究的逐渐深入，Brulle 和 Pellow（2006）指出，环境公平意味着每个人和社会群体在面对环境污染或退化时均能同等地享有洁净环境的权利以及承担环境污染的风险。之后，虽然有学者对环境公平进行重新定义，但基本上沿袭了 John Rawls 于 1971 年出版的《正义论》中的公平（公正）的原则：“社会和经济的不平等应这样安排，使它们：①在与正义的储存原则一致的情况下，适合于最少受惠者的最大利益；②加上在机会平等的条件下职务和地位对所有人开放（何怀宏，1998）。这两个原则可以解释为：第一，人们在收入和财富方面的分配是不平等的，但这种分配必须是对“最少受惠者”最有利的；第二，人们在使用权力方面

① EPA，Environmental Equity：Reducing Risks for all Communities. Volume 1：Workgroup Report to the Administrator，1992.

也是不平等的，但掌握权力的地位和职务应该是对每个人都开放的，即具有同样条件的人应具有同样机会担任这种职务和占有这种地位（温海霞，2006）。

环境公平包括了两个非常重要的内容：权益和风险。一项带有污染的经济活动，除了会对环境造成破坏，还会产生经济上的获利，这涉及社会福利能否增加以及承受污染成本和享有经济利益的主体是否相同的概念。这里需借助经济学中的“卡尔多—希克斯标准”以及“戴维斯—诺斯标准”来理解：如果一种变革使受益者所得足以补偿受损者的所失，便称这个变革为“卡尔多—希克斯改进”。换言之，带有污染的经济活动在对污染承担者的成本进行补偿后仍保有净剩余，便实现了社会总福利增加的目的。但由于收益和成本承担主体不相同，这个标准并不公平（钟茂初和闫文娟，2012）。在现实中，获利者并没有补偿成本承受者的任何损失。此外，要实现社会总福利的增加，需要经历相当长的时间，因此短期内可能使受损者陷入更加艰难的境地。比较而言，“戴维斯—诺斯标准”更加公正人性，它关注的是单个主体的成本收益均衡而不是总体成本收益的均衡。

不难看出，环境公平包含利益以及风险两方面，而“公平”这一概念则是按照某种标准或者基于比较而建立的，带有主观色彩且依赖于人们观念而建立的价值判断。而对于“平等”（Equality），在机会均等或在环境平等的意义上，或者对于其他涉及度量尺度的意义上，都是一个相对客观的，可以采用一些客观尺度进行度量的概念。当然，不同地区或人群间的环境利益或环境风险确实存在明显差别，但差别并非就代表不公平。然而，不公平的产生首先是因为不平等的存在，而当不平等超越可接受的合理范围就会导致不公平，因此，环境不平等是环境不公平产生的基础，对环境不平等进行界定也应从利益和风险两个方面出发。

可以看出，环境不平等是指地区或人群在面对环境污染或环境退化时，获取的环境利益或承担的环境污染风险的不均等[①]。由于环境利益的分配以及清洁环境权利赋予状况难以通过数据衡量获得，迄今为止尚未有相关机构进行量化处理，无法在研究中进行定量分析，所以在本书中，环境不平等主要指环境风险负担的不平等，即环境污染排放的差异。从这个意义上说，环境不平等、环境负担不平等、环境负担差异以及环境污染排放差异在本书中的提法都是等价的。

二、地区

作为一个地域辽阔的发展中国家，中国的自然资源分布、地理景观、人文风貌和历史演进具有明显的地区特征，再加上长期以来国家对发展战略规划进行的差别化区域布局及产业安排，使得各地区社会的经济发展以及工业污染排放产生了显著的差异。因此，要比较全面地分析中国的地区环境不平等问题，首先要对研究对象的范围进行科学合理的划分，本书拟从以下两个经典研究角度进行地区界定：

首先是省域视角。从分省角度进行考察，由于每个分析地区为国家行政省区，因此以这一角度进行地区环境不平等问题研究时，能够在一定程度上反映地方政府政策安排、经济发展以及环境质量间的交互影响，并且能收集获取到相对完整的数据，从而为研究的顺利进行提供保障。

其次是三大区域视角，即分别从东部、中部、西部地区的角度进行分析，这也是产业经济学以及区域经济学研究中经常使用的地区划分方法。虽然三大区域的提法可以回溯到 1986 年，但至今学者们对于各区域内部省、市、区的归属问题难以达成一致。目前，比较权威且被研究人员广泛采用的划分方法来自于国家统计局在 2003 年制定的标

① 需要指出的是，由于各地区的社会发展水平不同，环境污染排放差异必然存在，而不平等程度的加剧会引起不公平，因此应控制和缩小环境不平等，使其在一个相对合理的范围内，而不是消除不平等，绝对的平等也不公平（万广华，2008）。

准：东部地区包括 12 个省、自治区和直辖市，具体为北京、天津、河北、辽宁、上海、江苏、浙江、福建、山东、广东、广西和海南；中部地区包括 9 个省、自治区，具体为山西、内蒙古、吉林、黑龙江、安徽、江西、河南、湖北和湖南；西部地区包括 10 个省、自治区和直辖市，具体为四川、重庆、贵州、西藏、云南、陕西、甘肃、青海、宁夏和新疆。在接下来的部分章节中，本书也将参照以上的划分标准进行分析研究[①]。

此外，有学者也采用了东部、中部、西部、东北四大经济板块[②]的视角进行地区划分，但其适用性还有待理论和实际检验，因此本书并未采用这一划分方法。

第三节 环境不平等理论的演变

近 20 年来，由于人们对清洁环境的诉求使得存在于环境污染事件背后的环境公平问题逐渐凸显，并使之成为人们关注的焦点。已有文献集中于研究北美不同群体间的环境不平等问题，以及跨国、跨地区或者一国范围内不同地区间的环境不平等问题，并获得了较多的研究成果。由于环境不平等研究的产生起源于群体环境不平等，因此这一节首先回顾群体间环境不平等的理论发展，再进行地区间环境不平等理论的评述。

① 西部地区中西藏由于相关数据缺失过多，笔者将其从观测样本中剔除，因此在文中西部地区的实际观测省市数量共计 9 个。

② 来自于 2004 年的“十一五”规划研究报告。

一、群体间环境不平等理论的发展

自 1982 年美国北卡罗来纳州爆发反对有毒垃圾填埋设施兴建的抗议活动后，学术界开始广泛关注该事件背后的环境公平问题，并从不同领域进行了深入探讨。大部分的研究都遵循了 John Rawls 在 1971 年提出的《正义论》中公平的概念和理论，并且将研究的重点集中在环境利益和风险的公平分配上。作为环境公平运动的发源地，研究者们对美国境内的环境不平等进行了大量而翔实的文献论述，因此这里将首先介绍和总结美国的群体环境不平等文献。

（一）美国的群体间环境不平等

在过去的 30 多年里，美国学术界对于群体间环境不平等的研究发现主要分为两类。

首先，很多学者认为种族和收入这两个因素是环境不平等问题产生的根本原因。在抗议活动爆发后产生了大量记述美国环境不平等的文献，紧接着的一系列研究有害垃圾场所在位置的文献扩充了早期的研究成果，其中以美国审计总署（U.S. General Accounting Office，GAO）于 1983 年发布的报告最为典型。该报告发现，位于美国南部的非洲裔美国人社区拥有数量极多的垃圾处理场，这与其社区状况极不匹配。之后在 1987 年，美国基督联合会（United Church of Christ，UCC）进行了名为“美国的有毒垃圾和种族”的开创性研究，该研究记载了美国境内有毒垃圾设施带有不平等以及歧视性的选址，并认为种族是预测有毒垃圾场选址地点的最重要因素（Paul Mohai 等，2009）。基督联合会的研究发布后，社会学家 Bullard 在 1990 年出版了关于环境种族主义的经典著作《美国南部的垃圾倾倒：种族、阶层与环境质量》，这也是第一部将有害设施选址与美国南部历史上的种族隔离相联系的重要作品。Bullard 发现，非白人社区成为蓄意倾倒有毒垃圾的场所，而这些现象不仅来自于种族歧视的历史性因素，还来自于当今社会对非白人种族的歧视。1990 年，社会学家 Bryant 和 Mohai 在密歇根大学组织了以种族和环境危害发生率为主题的会议，集结了全美境内关注环境污染问题背后种族以及社会经济区别问题的研究者，他们的研究分析以压倒性的证据明确地验证了美国审计总署以及基督联合会的报告成果。会议论文集随后被提交给美国环境局，使其对这些研究中提供的证据进行检验并开始起草政策建议。1992 年，美国环境局将其发现和建议进行报告并出版，这就是现在非常著名的《环境公平：降低所有社区的风险》。此后，美国学术界关于环境不平等的研究基本达成了一致，大部分学者认为在关于美国环境不平等的研究上存在着这样一个基本共识——不同种族和阶层的人群在面对环境污染和灾害时存在着不平等的暴露风险，而少数种族以及穷人与白人和中产阶级相比遭受了更多环境风险。考虑到环境公平意识出现后的前 20 年里，学术界内部存在明显的分歧，因此，此时这种基本共识的出现显得来之不易。

很多早期研究确实发现环境污染和风险基本上存在于少数种族和低收入群体，如 Zimmerman（1993）、Hird（1993）、Goldman 和 Fitton（1994）、Perlin 等（1995）以及 Hamilton（1995）等。还有一些学者则对已有研究结果进行了较为系统的总结，Mohai 和 Bryant（1992）分析了 16 篇针对种族、阶层和环境危害的实证研究，所有的发现均证实环境风险的差异不是来自种族就是来自阶层，或者是来自两者共同作用的结果，而种族因素的作用更加明显。Brown（1995）在对 54 篇独立研究进行分析后注意到，种族和阶层是已知和潜在环境危害，以及危害补偿行动在时间选择和实施程度上的重要决定因素。此后，研究人员运用不同定量手段进行了更多的实证分析，也得出了类似结论（Ringquist，1997；Hird 和 Reese，1998；Daniels 和 Friedman，1999；Lester 等，2001）。在之后的研究综述中，Evans 和 Kantrowitz（2002）发现社区的种族和阶层特征与面对环境风险的暴露水平有着显著联系。

Ringquist（2005）撰写的综述，在对49篇针对环境危害背后存在的种族及社会经济差别进行分析后，他认为“有大量的证据说明种族问题是环境不平等产生的基础”。但是其他学者却发现截然相反的结论，他们认为无论是从何种角度来看，种族或收入水平与环境风险之间都不构成明显的联系（Anderton等，1994；Anderton等，1997；Been和Gupta，1997；Davidson和Anderton，2000；Greenberg，1993；Oakes等，1996）。这些以“单位”区域，如人口普查区域或邮政编码区域为考量基础的学术文献在研究方法上有着明显的缺陷，而且更为重要的是，他们在对于污染暴露程度的衡量方法上，大体没有考虑那些邻近但并不位于考察地区范围内的环境风险（Downey等，2008；Mohai和Saha，2006）。近来，越来越多的学者运用GIS地理信息系统将空间单元与环境风险之间的距离引入研究方法，用其来衡量环境污染暴露程度（Mohai和Saha，2006、2007；Pastor等，2001），或者采用更为复杂的大气模型来估计一国范围内环境污染的集中程度（Downey等，2008；Morello-Frosch和Jesdale，2006；Morello-Frosch等，2001；Pastor等，2005）。这些研究指出，即使把收入水平作为影响因素来考虑，种族因素引起的环境不平等问题仍然是，并且在未来将继续成为美国社会的严重问题。

其次，另外一些研究特别是历史性研究和定性研究认为，种族划分衍生出的环境不平等问题实际上是非人控的市场力量以及种族歧视意愿综合作用下的产物（Brown，1995；Bryant和Mohai，1992；Szasz和Meuser，1997）。城市扩张、工业化以及种族歧视之间复杂的相互影响可能导致群体环境不平等的出现。在美国，撇开汽车的高拥有量不谈，工业化通过在人口密集的城市地区布局相关设施从而最大限度地为人们提供了工作岗位以及便利的交通网络。但当城市人口的增长速度远超过城市扩张速度时，由工业化带来环境污染暴露风险不公就会广泛的出现（Fogelson，2001）。这时如果汽车以及第二次世界大战后经济增长使得郊区化成为可能，白种人就会逃离城市来到郊区，并且通过社区压力、歧视性贷款、规定最小房屋住宅面积等措施将少数种族隔离在外（Fishman，1987；Fogelson，2005；Jackson，1985）。少数种族，特别是非裔美国人，则被留下面对城市工业化带来的遗留问题，如被工业污染的土地、发电站以及公路等（Bullard，2000；Checker，2005；Hurley，1995；Lerner，2005）。此外，少数种族在政治上的边缘化以及环境的退化状况更加剧了这一不平等，因为能够通过社会地位使污染工业以及垃圾处理设施远离少数种族社区的中产阶级早已搬离了被污染地区（Mohai 和 Bryant，1992）。与此同时，受污染地区低廉的土地租金进一步地吸引了能造成环境风险的新设施的进驻，而那些无力负担清洁社区居住花费的人群也只能选择继续留在被污染的地区生活，从而陷入了环境不平等的恶性循环（Been 和 Gupta，1997；Hamilton，1995；Oakes 等，1996）。

（二）其他国家的群体间环境不平等

美国社会群体环境不平等的研究文献不仅数量众多而且分析深入，虽然人们在究竟是种族、阶层抑或是其他因素造成了环境不平等，以及在有毒设施和低收入或少数种群的先来后到这一类似“先有鸡还是先有蛋”（即是先有危害设施存在从而导致低收入人群或贫少数族裔不得已迁入这一地区，还是仅仅因为是低收入或少数种族人群社区才会将有毒设施选址于此）的问题上存在争议，但不能否认其研究细致性以及系统性。除了美国，研究人员对邻国加拿大也进行了研究：Buzzelli 等（2003）对加拿大安大略省的汉密尔顿市空气污染暴露水平研究后发现，单亲家庭以及受教育程度较低的人群所居住的社区承担了城市中主要的污染风险。此后，Buzzelli 和 Jerrett（2004）就美国研究中的“种族”因素对加拿大环境不平等现象的产生是否起到重要作用进行了研究，他们指出黑人并不都居住在空气污染严重的地区，拉丁美裔移民却的确遭受较严重的空气污染，而韩国裔移民特别是在进入加拿大时就拥有较高社会经济地位的移民，居住在最清洁的地区。此外，还有相关文献证明澳大利亚以及英国等其他国家，也存在群体环境不平等现象（Lloyd-Smith 和 Bell，2003；McCleod 等，2000），这里不再一一赘述。

中国群体环境不平等的系统性实证研究还非常缺乏，直到最近才渐渐有学者关注。Ma 和 Schoolman（2010、2012）分别以中国的河南省以及江苏省为研究对象，考察群体的环境不平等问题。他们的研究指出，在中国的城市里来自农村的务工者承担了更多的环境污染风险。而其他学者则更多地从理论或定性角度进行分析得到以下结论：富人在占有较多环境收益时不愿履行应尽的环境保护义务（洪大用，2001）；政府管理是导致穷人与富人环境不平等的主要原因（潘晓东，2004）；环境规制在以市场机制为基础的前提下会造成低收入者面临更多的环境污染（王慧，2010）。

二、不同地区间环境不平等理论的发展

在美国环境公平运动发生不久后，环保激进人士以及政策制定者们逐渐将注意力投向世界上的其他地区，而研究环境污染和国际关系的学者们也开始着眼于全球环境不平等问题的探讨。从已有文献的发现成果来看，不同地区间的环境不平等研究主要体现在两个方面：首先是不同国家之间即跨国层面或全球层面的环境不平等（Paul Mohai 等，2009），其次是一国内部不同地区即国内层面的环境不平等（洪大用，2001）。具体表现为对污染物排放承担的环境责任或者环境风险不平等，以及环境污染转移造成的环境不平等。

（一）跨国层面的地区环境不平等

在跨国层面上，一些学者关注于研究废品交易（Waste Trade）导致的跨国环境风险，以及与控制废品交易行为相关的法律制定实施。与此同时，越来越多的社会学研究人员着重于分析废品交易背后潜在

的社会和经济驱动因素。在一些研究中，人们发现那些合法或非法进口废品的国家，基本上是处于政治或经济领域边缘、有殖民历史或者主要公民为有色人种的国家（Crithairs，1990；Marbury，1995；Adeola，2000），此外，研究污染产业转移造成的环境不平等文献也有很多，其中以 Copeland 和 Taylor（1994）"污染避难假说"最为著名。他们的研究得到了以下结论：发达国家拥有较高的环境管制标准和相对严苛的管理制度，致使高污染排放企业的生产成本逐渐增长，而经济欠发达或落后国家的环境管制标准则相对较低，管制体系也比较松散。因此，在经济开放的政策前提下，自由贸易会导致发达国家的高污染产业不断转移到发展中国家，以实现低成本生产。也就是说，在发达国家难以生存的高污产业会迁移到发展中国家落户，后者就是发达国家的"污染避难所"。但学者们对假说是否成立在意见上仍存在很大分歧，来自发达国家的研究人员（Cole 和 Elliott，2005；Copeland 和 Taylor，2004）大多不认可"污染避难假说"，而另一些学者则认为在一定条件下成立（Akbostanci 和 Türüt-As1k，2004；Xing 和 Kolstad，2002）。

除了废品交易导致的跨国环境风险，还有学者发现不同国家内部的环境污染在一定地形或气候条件下会通过长距离的地理传输对其他国家形成污染影响，从而造成环境损失，这便是环境污染跨界引起的环境不平等问题。Bennett（2000）对美国西南部水质跨界分配协议的整合进行了研究，特别提到了 Colorado 流域的跨国界水污染问题引起墨西哥和美国之间的多次纠纷。在对大气污染物跨国界问题的研究上，Moussiopoulos 等（2004）运用 TRAPPA 模型对 NO_X 以及 SO_2 在欧洲东南部的污染跨界问题进行了研究。在其研究基础上，Kaldellis 等（2007）扩大了研究范围，采用了欧洲监测评估项目近 20 年的数据对欧盟各国输出到其他国家以及经由其他国家输入而来的氮氧化物和二氧化硫量进行了计算，并针对大气污染的现行以及未来环境政策进行了讨论。除了欧洲和美洲各国间的跨界污染问题，研究者们也逐渐将目光转移到亚洲，以分析由污染传输带来的国家间的相互影响。Lee等（2008）采用模型和监测数据对亚洲国家特别是中国对韩国大气中SO_2的跨界传输影响进行了研究，结果发现在观测期内韩国SO_2的急剧增加主要是由于中国工业地区产生的SO_2通过地理传输进入韩国境内。Weinroth等（2008）则通过RAMS以及CAM_X模型对臭氧在包含亚洲西南部以及非洲东北部的中东地区内的跨界传输状况进行了分析。

需要指出的是，已有研究关于环境风险或环境责任不平等的探讨主要集中于温室气体——CO_2排放不平等的问题上。学者们运用基尼系数、泰尔指数、阿特金斯指数或洛伦兹曲线等不平等分析工具对各国的CO_2排放差异进行了度量和分析。采用基尼系数研究CO_2排放不平等的文献以Heil和Wodon于1997年和2000年发表的成果为代表。在前期的研究中，他们将世界各国依照收入水平分为了四组，并对各组别国家1960~1990年的人均排放不平等进行了测度和分解，结果表明人均CO_2排放的不平等主要来自于组间而非组内不平等。除此之外，他们对于不同减排路径的选择可能造成的排放差异影响也做了一定探讨。相比前期以历史角度来研究排放差异的做法，后期研究则以预测的角度入手，认为若维持CO_2的排放现状，那么全世界碳排放的总量到2100年将会是1992年的5倍，人均碳排放量也几乎会变成原来的2倍，而各国家组的组间不平等依然是解释总体CO_2排放基尼指数的主要原因。

Hedenus和Azar（2005）测量了1961~1999年不同国家人均排放的不平等，但利用的是阿特金森指数以及最大1/5与最小1/5之间的绝对差距和相对差距。之后，Padilla和Serrano（2006）运用泰尔指数和“伪基尼系数”比较并解释了全球碳排放差异的变化，同时运用各国家组间以及组内因素进行分解，最终得出两个指数变化趋势基本一致的结论。2006年，Duro和Padilla（2006）基于1971~1999年的国家数据，采用洛伦兹曲线、基尼指数还有泰尔指数衡量了国家之间以及国家组群间的 CO_2 排放不平等。此外，学者 Kahrl 和 Roland-Holst（2007）以及 Groot（2010）利用洛伦兹曲线研究碳不平等问题，只是后者的研究更加深入，不仅分别对离散与连续情况下的碳洛伦兹曲线及性质进行了理论推导，还绘制了碳排放的广义洛伦兹曲线。

除了运用不同指标工具度量以及比较不平等的变化趋势，在涉及碳排放不平等的文献中，还有相当数量的研究分析了不平等产生的驱动因素。Duro 和 Padilla（2006）利用 Kaya 等式进行实证后指出，各国人均收入的差异是造成 CO_2 人均排放不平等的主要原因，因此在短期内，应该敦促发达国家减少碳排放；从长期来看，全球 CO_2 减排目标的实现不仅需要发达国家，而且还需要经济不发达国家中潜在的碳排放大国的合作。Padilla 和 Serrano 在 2006 年的实证研究中发现，收入差异与碳排放不平等显著正相关，即收入差距加深的同时碳排放不平等也在加深，但并不明确它们之间的因果联系。在他们研究的基础上，Cantore 和 Padilla（2010）的工作更加巩固了这一正相关结果的稳健性，并指出技术进步是碳排放不平等的关键原因。此后，Cantore（2011）采用 1999~2007 年欧盟国家的数据进行实证，结果也验证了发达国家间的收入差异可以解释各国间的 CO_2 排放不平等。而 Padilla 与 Duro 的研究结论则更加细致具体，他们运用泰尔指数分析了导致 1990~2006 年欧盟国家碳排放不平等产生的驱动因素，发现在样本期初能源强度的下降导致了欧盟的碳排放不平等的显著降低，而人均收入的差异依然是影响 CO_2 排放不平等的主要因素，此外样本期末的碳排放系数对 CO_2 排放不平等的组内差异贡献最大。

（二）一国内部不同地区间的环境不平等

与跨国地区环境不平等类似，一些学者注意到一国内部不同区域间污染跨界造成的环境不平等问题。Naeser 和 Bennett（1998）研究了美国科罗拉多州和堪萨斯州间的水污染跨界问题，对诉讼案中上游科罗拉多州对下游的堪萨斯州造成的损失额进行了评估。此后，Bennett（2000）系统分析研究了 Colorado River 流域、Arkansas River 流域、Rio Grande River 流域、Republican River 流域和 Pecos River 流域的水污染跨界问题，并认为虽然相关各州对美国西部的 21 条跨州界的河流签订了管理协议，但大部分的协议并未考虑水质影响，而只是讨论了水量分配，这一漏洞造成了多起流域内的水污染跨界问题，因此应将水质影响作为一个重要考察对象放入协议中。当然，也有不少学者关注国内的污染跨界问题，赵来军和李怀祖（2003）结合中国流域的实际情况，构建了流域跨界水污染纠纷顺序决策模型，解释了严重的流域跨界水污染纠纷。张志刚等（2004）采用二维欧拉统计模式对北京、天津以及河北省的城市间污染传输进行了模拟分析，研究发现北京周边地区对北京 PM_{10} 和 SO_2 的贡献度分别达到了 20%和 23%。此后，也有学者在运用 MODEL–3/CMAQ 的基础上，对 2008 年奥运会举办期间各周边省市对北京大气浓度的贡献进行了测算，模拟结果分别表明北京市 $PM_{2.5}$ 的 50%~70%以及臭氧浓度的 20%~30%来自于河北省的污染排放（Streets 等，2007）。还有学者（王淑兰等，2005；程真等，2011）对珠江三角洲和长江三角洲区域城市间的大气污染传输也进行了模型模拟研究，均验证了城市间的污染相互作用显著。

同时，针对地区间存在的不同环境污染现实状况，一些学者还从生态环境与贫困间的相互影响角度研究了脆弱的生态环境以及环境退化导致的地区环境贫困或者生态贫困问题，认为地区环境贫困是环境不平等带来的一种较为严重的表现形式。美国经济学家托达罗（1992）指出，生态环境退化与贫困的恶性循环是导致落后地区经济社会难以持续发展的重要原因。皮尔斯和沃福德（1996）则认为“没有比任何一个地区承受着这种‘贫困—环境退化—进一步贫困’的恶性循环的痛苦更悲惨的了”。我国也有不少学者和研究人员对环境贫困问题进行了研究，现有研究认为，中国脆弱生态环境与贫困地区间具有高度相关性（李周和孙若梅，1994），但此相关性会因工农业和种植业的比重不同以及工业或经济发展程度而不同（赵跃龙和刘燕华，1996）。从地区上看，西部地区环境贫困问题最为突出（赵济，1995），而产业结构退化则加剧了环境与贫困间的矛盾关系（安树民和张世秋，2005），能够帮助环境贫困者脱离环境以及经济双重贫困的主要途径是生态移民（于存海，2004）。在生态脆弱地区的农村则存在慢性贫困，农村居民受到生存环境、行为模式和外部冲击的共同影响，这造成了生态扶贫难度的上升（陈建生，2008）。

当然，需注意的是，对于一国内部不同地区间的环境不平等问题，学者们仍主要集中于探讨温室气体的排放不平等，这里主要回顾针对中国国内 CO_2 排放的环境不平等研究，从研究角度看主要分为两个方面。

第一，对碳排放不平等的测量：在采用中国分省以及东中西部地区 1997~2007 年数据的基础上，Clarke-Sather 等（2011）利用基尼指数、泰尔指数和变异系数对地区 CO_2 排放的不平等进行了度量，发现其变化趋势与地区收入不平等程度类似，而地区内部的排放不平等是导致各省 CO_2 排放不平等的主要因素。还有学者如杨俊等（2012）采用基尼系数、洛伦兹曲线以及高矮序列从排放强度的角度度量 CO_2 排放差异，他们认为各省碳排放的差异不大且有收敛趋势，这与区域经济发展的不平衡现状有较大差别。从整体上看，中国的 CO_2 排放强度基本维持了随时间逐渐下降的态势，因此若保持其他条件不变，按照现阶段地区碳排放情况基本可以实现中国政府的减排承诺。

第二，一些研究人员则对中国国内 CO_2 排放不平等的影响因素进行研究：现有文献基本上围绕地区经济发展水平、产业结构、能源使用效率等因素展开讨论。通过使用相对和绝对差异法、基尼系数以及泰尔指数，查冬兰和周德群（2007）采用分省的中国 CO_2 排放数据和能源效率数据，依据 Kaya 等式中的因子进行影响因素的实证分析，其研究结果表明从 2003 年开始，各省的碳排放差异有所降低，碳排放不平等同时受到地区经济发展水平、碳排放系数以及能源强度的影响，其中能源强度的作用最大；此外在对八大经济板块进行组间和组内因素分解后发现，组间的差异贡献是整体差异产生的主要来源。另外，在采用 2004~2006 年中国分省数据的基础上，张晓平（2008）通过实证分析得到了如下结论：不同地区的能源消费强度差异由各地工业化水平、经济重型化程度以及经济发展程度等因素共同决定。之后，李国志和李宗植（2010）从技术、经济和人口角度对中国 CO_2 的地区差异化排放因素进行了研究，他们发现地区经济增长的差异以及能源消耗差异是造成中国碳排放不平等的主要因素，在一定程度上验证了张晓平（2008）的研究结果。在使用 SDA 分解技术的基础上，郭朝先（2010）采用 1992~2007 年的 CO_2 排放数据进行实证分析，结果表明中国碳排放的增长主要来自终端需求的规模扩张效应以及投入产出的系数变动，而碳排放降低的主要驱动力则来自能源消费强度。通过运用脱钩指数、泰尔指数以及聚类分析法，潘家华和张丽峰（2011）对中国不同地区的碳生产率进行了差异性分析，除了发现经济发展水平、能源结构和能源消费结构、产业结构、能源使用效率等因素会导致不同地区碳生产率差异的产生，还会对碳排放的不平等造成明显影响。还有学者（蒋金荷，2011）用完全指数分解法或 CRBDM 模型（王金南等，2011）对碳排放的影响因素进行了分析，这里不再一一赘述。

针对中国国内的其他环境污染物如废水、废气等的排放不平等的研究文献则相对较少：赵海霞等（2009）对江苏三大区域的工业废水、工业废气排放导致的环境不平等程度进行了测度，并认为地区的环境不平等会随着经济地域差距的增大而扩大。钟茂初和闫文娟（2012）通过对废水排放研究发现，地区间的环境不平等主要由居民人均收入以及废水治理投资之间的地区发展差距引起，在一定程度上验证了赵海霞（2009）的研究结论。闫文娟等（2012）的研究则认为，政府规制是实现中国国内不同地域间环境公平的主要因素。

三、简短评述

通过文献梳理可以发现，学术界对群体间环境不平等的研究主要集中于探讨导致群体环境不平等产生的影响因素及其作用机制。在衡量群体的环境风险时，学者们常用人口普查区域或邮政编码地区进行群体研究对象的区域划分，而越来越多的研究人员开始结合地理信息系统（GIS）度量空间地理单元和环境污染风险间的距离，再进一步用数据研究群体面对环境风险时的风险暴露程度。这些文献的研究结论表明，对于多种族和多移民的发达国家，种族、国籍和收入水平是导致群体间环境不平等产生的重要因素。此外，城市扩张以及工业化等非人控市场因素的相互影响也可能导致不平等的产生。

就研究对象而言，群体环境不平等的现有研究基本上以美国、加拿大、澳大利亚等发达国家为研究样本，欠发达国家的相关研究十分缺乏。那么，已有群体环境不平等文献中的影响因素是否同样适用于解释欠发达国家的群体不平等现象，或者由于政策体制的不同，还有其他的因素可能催生欠发达国家的群体环境不平等的出现？这些在大部分既有研究中被忽视的方面，在笔者看来值得进一步研究。因此，在涉及相关欠发达国家的群体环境不平等研究时，需要综合考虑，既要参考已有文献的影响因素，还要挖掘其特定制度背景下的潜在影响因素。

在地区环境不平等的测度上，大多数文献都以 CO_2 的排放为研究对象，借用基尼指数、泰尔指数和阿特金森指数等指标工具进行不平等的度量，并认为地区经济发展水平差异是造成地区间 CO_2 排放不平等的主要原因。需要指出的是，碳减排对于降低气候变化带来的影响固然重要，但对于尚处于工业化发展阶段的国家而言，工业生产仍然是引发环境污染的主要来源，从环境保护以及居民直观感受上讲，对地区工业污染排放的不平等进行研究分析是极具现实意义的论题。

无论是从群体的层面，还是从地区的层面上讲，对中国环境不平等的研究都还十分不足，这与中国公民对环境质量日益提升的现实诉求以及实际国情不相匹配。已有的文献分别从地区或者从群体的角度进行环境不平等分析，缺少综合的系统性考量。也许，一国内部的环境不平等不能简单地划为“地区”或“群体”两个方面，还应该关注这两个层面间可能存在的交叉效应。目前，由于相关数据难以获取，尚难实现中国群体间的环境不平等研究。而现实生活中，群体环境不平等的产生往往起源于地区环境不平等，因此，对地区环境不平等进行研究显得尤为重要。

第二章　环境污染影响因素的文献述评

在讨论地区环境不平等现状以及导致不平等产生的因素前，有必要对影响环境污染排放的因素进行较为全面的考察。本章将对环境污染排放影响因素的 3 个基本模型进行阐述，并对经济增长与环境污染的环境库兹涅茨理论假说的产生和发展进行梳理，最后针对中国的相关经验研究进行总结分析，以方便后文对地区环境不平等影响因素的提炼。

第一节　环境污染排放影响因素的 3 个基本模型

一、环境压力评价的 IPAT 模型

对环境污染排放的研究始于工业发展较为发达的西方国家，众多的学者和研究人员就影响环境污染排放的因素进行了大量的理论和经验分析。在这些研究中，由 Ehrilch 和 Holdren 在 20 世纪 70 年代提出的 IPAT 模型最为经典。作为生态环境评价的概念性分析框架，IPAT 模型成为后来大量环境污染研究文献的研究基础。

作为最早被用于分析环境压力的理论框架，IPAT 模型 3 个重要的环境状况影响因素分别为人口、经济和技术，根据 Ehrilch 和 Holdren

（1971），其恒等关系式为：

$$I = PAT \tag{2-1}$$

式中，I 代表环境影响状况 Impact，P 代表人口规模 Population，A 为富裕程度 Affluence，T 为技术水平 Technology，环境影响即为 P、A 和 T 3 个因素共同作用的结果。若以工业污染排放 EP 为例，式（2-1）则变为：

$$EP排放 = 人口 \times 人均GDP \times 单位GDP的EP排放量 \tag{2-2}$$

虽然有大量的研究表明，IPAT 模型是一个可以被广泛应用的关于生态环境影响及评价的模型，但它实质上是一个关于环境、人口、经济以及技术的概念性分析框架，忽略了社会学家感兴趣的很多因素。由于这些因素只是简单地被涵盖在 T 里，因此在社会学研究中并没有得到广泛的关注（York 等，2003）。并且，它存在一些不足（Dietz 和 Rosa，1994）：首先，IPAT 模型并不能够作为计量模型直接用于经验分析；其次，在保持其他因素不变的前提条件下，各个因素对环境影响的弹性始终为 1，这与现实经验不符。

为了克服其局限性，Dietz 和 Rosa（1997）在 IPAT 模型的基础上构建了随机条件下的新模型。这个新模型被称为 STIRPAT（Stochastic Impacts by Regression on Population，Affluence and Technology），即人口、经济和技术回归的随机影响模型。此时的随机模型 STIRPAT 不再是一个会计等式，与 IPAT 模型相比，它能够被用于相关假说的检验以及更为复杂和细致的研究分析，其数学表达式如下：

$$I_i = aP_i^b A_i^c T_i^d e_i \tag{2-3}$$

式中，a 为模型的缩放常数，b、c 和 d 为分别为 P、A 和 T 的指数，e 为误差项（在 IPAT 模型方程中，假设 $a = b = c = d = e = 1$）。下标 i 则表示不同的观测单元。

为了能够在回归模型中进行假设检验，需要将所有的因素转化为自然对数形式。在转化的过程里，由于学术界对有效技术指标的选择还未达成共识，因此一般不对因素 T 做独立估计，而是将其包括在随机误差项 e 中。转化后的模型则变为：

$$\ln I = \alpha + b\ln P + c\ln A + \varepsilon \tag{2-4}$$

式中，α 和 ε 分别对应式（2-3）中 a 和 e 的自然对数。和经济学中弹性系数的解释类似，当 b 或 c 等于 1 时，环境影响与驱动因素 P 或 A 之间存在成比例的变化关系；当 b 或 c 大于 1 时表明，环境影响的增加速度大于驱动因素的增加速度；当 b 或 c 小于 1 但大于 0 时，环境影响的增加速度小于驱动因素的增加速度。

二、Grossman 分解模型

除了 IPAT 模型及其拓展形式 STIRPAT 模型，还有学者给出了环境污染排放影响因素的其他模型。较为著名的是在 1995 年，Grossman 和 Krueger 对环境污染排放与经济增长进行研究后提出的一个污染排放的动态分解方程。

首先，对环境污染排放有：

$$EP_t = \sum_{i=1}^{n} Y_t\left(\frac{EP_{it}}{Y_{it}}\right)\left(\frac{Y_{it}}{Y_t}\right),\ i = 1,\ 2,\ \dots,\ n \tag{2-5}$$

式中，t 代表时期，Y_t 为在 t 时期内该地区的国内生产总值 GDP。EP_{it} 为部门 i 在 t 时期内的污染排放量，Y_{it} 为部门 i 在 t 时期内的生产增加值。EP_{it}/Y_{it} 则为部门 i 在这一时期内的单位增加值污染排放量，也就是污染排放强度，为方便书写，这里用 I_{it} 表示。Y_{it}/Y_t 表示部门 i 增加值占 GDP 的比重，记为 R_{it}。

根据 Grossman（1995），式（2-5）可以改写成：

$$EP_t = \sum_{i=1}^{n} Y_t I_{it} R_{it} \tag{2-6}$$

将式（2-6）对时间进行微分，然后两边同时除以 EP_t 可以得到动态分解模型，即：

$$E\dot{P}/EP = \dot{Y}/Y + \sum_{i=1}^{n} s_i(\dot{I}_i/I_i) + \sum_{i=1}^{n} s_i(\dot{R}_i/R_i) \tag{2-7}$$

式中，s_i 表示部门 i 的污染排放量占总污染排放量的比重。在等式右边的第一项反映了经济发展规模引起的污染排放效应，第二项则表示技术变革产生的污染排放效应，第三项反映了结构变化导致的污染排放效应。

三、Verbeke 和 Clercq 分解模型

2002 年，Verbeke 和 Clercq 针对不同国家间污染排放水平提出了一个可用于研究的分解模型，其数学表达式为：

$$\frac{EP_{it}}{P_{it}} = \frac{Y_{it}}{P_{it}} I_{it} \tag{2-8}$$

式中，i 代表国家，P 代表人口数量，EP 代表污染物排放量，Y 代表国内生产总值，I 代表单位国内生产总值的污染物排放量，即排放强度。

由于污染物的排放强度会根据经济结构、能源替代以及技术更新的变化而产生改变，因此根据 Verbeke 和 Clercq，假设经济结构变化如下——当经济发展水平较低时，经济生产主要以农业为主；当经济发展水平有一定提高后，这一阶段则以工业为主；当达到经济发展的高水平阶段时，服务业成为经济生产的最大支撑，由此可以将经济结构的转变表示为收入 Y 的函数 Φ(Y)。

随着经济水平发展收入逐渐提高，对环境质量的需求也会相应增加，单位生产总值的污染排放强度则会下降。另外，当环境持续恶化并十分严重时，人们对环境质量的需求也会增加，环境恶化水平记为 D（Degradation）；当居民对环境问题了解越多，其环境质量需求也会增加，将对环境问题的了解记为 K（Knowlege）。综合起来，对环境质量 Q（Quality）的需求可表示为：

$$Q = Q(\overset{+}{Y}, \overset{+}{D}, \overset{+}{K}) \tag{2-9}$$

此外，环境规制对于污染排放有一定的约束力，但它不仅依赖于对环境质量的需求，也同时依赖于公众参与环境政策的能力以及公平程度。也就是说，能够促使技术进步的环境决策取决于居民对环境质量需求的收入弹性大小以及将这种需求转变为环境规制的具体方式，因此这里需要通过政府结构 P 表示政府决策和环境质量需求的匹配程度。当 P 越高时，反映出政府环境规制与环境质量需求的匹配程度越高。与此同时，由于污染排放强度受到经济不完备的影响，因此市场缺陷（Market Imperfections）会导致环境规制影响的下降。

根据上述的一系列设定，Verbeke 和 Clercq 将污染排放的分解模型转变成式（2-10）：

$$\dot{EP} = \dot{y} + \mathrm{dln}[I(\Phi,\ T)]/dt \tag{2-10}$$

式中，

$$\Phi = \Phi(Y) \tag{2-11}$$

$$T = T\left(Q\left(\overset{+}{Y},\ \overset{+}{D},\ \overset{+}{K}\right),\ \overset{+}{P},\ \overset{-}{M}\right) \tag{2-12}$$

从式（2-10）可以看出，当一个国家的国内生产总值增长率较高时，其相应的污染排放增长也较快，而在经济结构中以服务业为主导的国家污染排放则较少。此外从式（2-12）不难发现，在环境恶化水平较高、公众对环境问题有较多认识以及政府环境规制适应公众环境需求的国家，污染排放的增长速度也相应较低。因此，按照 Verbeke 和 Clercq 的模型分解过程，经济规模、经济结构和技术进步这 3 个因素是影响一国污染排放的直接因素；环境恶化水平、公众环境认知、政府决策结构和市场完备程度 4 个因素是影响污染排放的间接因素。

根据对 IPAT 模型及其拓展模型 STIRPAT、Grossman 分解模型以及 Verbeke 和 Clercq 分解模型的回顾分析可以看出，人口、经济发展程度和技术水平是影响环境压力的重要驱动因素。因此，按照上述模型的分析框架可以认为，工业污染排放的主要影响因素是经济发展水平、技术以及人口因素等。当然，在既往研究文献中，城市化进程、产业结构、对外贸易水平的影响也不容忽视。

第二节 环境库兹涅茨假说

一、环境库兹涅茨假说的经验研究

在 20 世纪 90 年代初，Grossman 和 Krueger 利用跨国面板数据首次验证环境污染与经济增长的长期关系为倒 U 型，即环境污染与人均收入之间的关系并非简单的线性关系，而是污染水平在低收入条件下随着人均 GDP 的提高而上升，在高收入条件下随着人均 GDP 的提高而下降。此后，大量学者对环境与收入之间的关系做了进一步的检验（见表 2-1）。在这些众多的文献中，Panayoutou（1995、1997）发表的系列论文，Seldon 和 Song（1994）、Grossman 和 Krueger（1995）以及 Torras 和 Boyce（1998）最具代表性。除此之外，还有关于环境库兹涅茨曲线的文献综述，如 Ekins（1997）和 Stern（2004）等。

表 2-1 EKC 研究的代表性文献（仅以 SO_2 结果为例）

研究人员	转折点	SO_2 指标形式	其他解释变量	数据来源	样本时间（年）	样本范围
Grossman 和 Krueger（1993）	4772~5965 美元	浓度	人口密度、地区虚拟变量、时间趋势	GEMS	1977、1982、1988	32 个国家的 52 个城市
Panayotou（1993）	3137 美元	排放量	—	自估	1987~1988	55 个发达国家和发展中国家
Shafik （1994）	4379 美元	浓度	时间趋势、地区虚拟变量	GEMS	1972~1988	31 个国家的 47 个城市
Selden 和 Song（1994）	10391~10620 美元	排放量	人口密度	WRI	1979~1987	22 个 OECD 国家和 8 个发展中国家

续表

研究人员	转折点	SO_2 指标形式	其他解释变量	数据来源	样本时间（年）	样本范围
Panayotou (1997)	5965 美元	浓度	人口密度、政策变量	GEMS	1982~1984	30 个发达国家和发展中国家的城市
Cole 等, (1997)	8232 美元	排放量	国家虚拟变量、技术水平	OECD	1970~1992	11 个 OECD 国家
Torras 和 Boyce (1998)	4641 美元	浓度	收入不平等、读写能力、政治及公民权利、城市化、地区虚拟变量	GEMS	1977~1991	42 个国家的城市
Kaufmann 等, (1998)	14730 美元	浓度	地区 GDP、钢铁出口占比	UN	1974~1989	13 个发达国家和 10 个发展中国家
List 和 Gallet (1999)	22675 美元	排放量	—	US EPA	1929~1994	美国各州
Stern 和 Common (2001)	101166 美元	排放量	时间和国家效应	ASL	1960~1990	73 个发达国家和发展中国家

资料来源：Stern（2004）。

从这些众多的经验研究看，西方学者对于收入环境关系的探讨在指标选择、数据来源、模型设定 3 个方面存在极大不同。

在指标选择上，国外学者一般都以人均 GDP 作为经济增长的表征指标。而在环境污染物指标的选择上，虽然各有不同，但基本上未采用综合性环境指标来研究，对此一个合理的解释是：其一，单一性的综合指标容易覆盖多个指标本身携带的样本信息，削弱了样本的解释力，使研究面较为笼统，而多个指标则不存在上述问题；其二，不同的环境污染物指标与经济增长存在不同的关系，而且其转折点出现时对应的经济增长水平也不相同。从这个角度看，分开研究不同污染物对于从整体上把握一个经济体的经济增长与环境污染水平关系更具实际意义。一般来说，有下列 10 种常用的环境污染物指标：SO_2、CO_2、CO、NO_X、烟尘、固体悬浮物 SPM、工业废水、水体中生物需氧量 BOD、水体中化学需氧量 COD、水体中重金属（镉、铅、砷、汞等）、毁林率。这些污染物指标从表示形式上看，又分为以总排放量、人均排放量或污染物浓度为单位的不同表达方式。前两种表达方式较常见，而后一种以浓度为计量单位的表达方式，在 Grossman 和 Krueger（1993）、Vincent（1997）进行大气固体悬浮物的实证估计时被采用，但并不常见。这是因为随着收入环境经验研究的丰富，较多西方学者认为污染物浓度指标容易受到除排放量以外的其他因素影响，比如风速、降雨量以及地理位置等，所以在后继研究中，学者们更倾向于用总排放量或者人均排放量表示由经济增长引起的污染排放水平。

在数据来源上，有的学者采用跨国面板数据，如 Grossman 和 Krueger（1993、1995），Selden 和 Song（1994），Torras 和 Boyce（1998）。实际上，由于使用跨国数据不能确保最后的实证结果对单个国家或者地区也成立，并且数据本身不可避免地存在可比性和质量问题，因此越来越多的学者开始关注单个国家或地区的经济增长与环境质量关系。比如，Carson、Jeon 和 McCubbin（1997）运用美国 50 个州的数据对 7 种大气污染物进行了分析；Huang 和 Shaw（2002）考察了 1988~1997 年台湾地区 N_2O 和 CO 的排放与经济增长的关系，Giles 和 Mosk 在 2003 年采用新西兰 1895~1996 年的数据，发现其甲烷排放与经济增长呈现倒 U 型，Ankarhem（2005）则对瑞典 1919~1994 年 CO_2、SO_2 以及挥发性有机物（VOC）的排放情况进行研究，得到的结论依然支持环境库兹涅茨假说，而 Roca 等（2001）在对 1980~1996 年西班牙的 6 种大气污染物进行研究后发现，只有 SO_2 比较符合 EKC 的曲线轨迹。

在模型设定上，表征经济增长的解释变量人均 GDP 指标一般以一次项、二次项的形式存在，有的学者则加入了人均 GDP 的三次项来检验其系数的显著程度。除此之外，基于对模型完整性的考虑，多数学者在检验时也加入了控制变量，比如地理位置虚拟变量、人口因素（Selden 和 Song，1994；Vincent，1997；Carson、Jeon 和 McCubbin，1997），收入不平等（Torras Boyce，1998），贸易因素（Grossman 和 Krueger，

1995；Cole、Rayner 和 Bates，1997），经济结构性因素（Suri 和 chapman，1998）政策因素（Panayotou，1997）等。而也有一些西方学者认为，在检验收入与环境质量关系的过程中，如果增加其他的控制变量会导致回归出现多重共线性问题，因此在他们的检验中仅有人均 GDP 作为唯一的解释变量，如 Shafik 和 Bandyopadhyay（1992）和 Rothman（1998）。环境库兹涅茨曲线检验模型的基本形式如下：

$$EP_{it} = \beta_0 + \beta_1(GDP/capita)_{it} + \beta_2(GDP/capita)^2_{it} + \alpha X_{it} + \varepsilon_{it} \qquad (2-13)$$

对数形式的检验模型为：

$$lnEP_{it} = \beta_0 + \beta_1 ln(GDP/capita)_{it} + \beta_2 ln(GDP/capita)^2_{it} + \alpha X_{it} + \varepsilon_{it} \qquad (2-14)$$

式中，i 代表地区或国家，t 为时间；EP 表示环境污染物的总排放量、人均排放量或者排放浓度，GDP/capita 为人均 GDP，X 为控制变量向量，如人口因素、收入差距、贸易因素和经济结构等；ε_{it} 为残差。

（1）当 $\beta_1 > 0$，$\beta_2 = 0$ 时，环境污染与人均收入呈正相关关系，这时随着经济增长，环境质量呈逐渐下降趋势。

（2）当 $\beta_1 < 0$，$\beta_2 = 0$ 时，表示环境质量随着经济的增长逐渐得到改善，此时环境与经济增长不是矛盾关系，而是相互促进的单调递减关系。

（3）当 $\beta_1 < 0$，$\beta_2 > 0$ 时，环境污染与经济增长表现出与环境库兹涅茨曲线相反的 U 型关系。

（4）当 $\beta_1 > 0$，$\beta_2 < 0$ 时，环境污染与经济增长表现出典型的倒U型关系，可以认为存在环境库兹涅茨曲线，若检验模型为式（2-13）形式则环境拐点为 $-\beta_1/2\beta_2$，若检验模型为式（2-14）形式则拐点为 $exp(-\beta_1/2\beta_2)$。

二、中国经济增长与环境污染的相关检验证据

从前文对环境库兹涅茨假说实证检验的回顾可以看到，随着一国

经济的发展，不同污染物排放与 GDP 增长间的关系呈现出较大的不同，有些污染物呈现出较为明显的下降趋势，而有些污染物却持续增加。那么，中国的经济增长与环境污染排放之间是否也存在环境库兹涅茨假说的倒 U 型关系呢？对于这个问题，早期的文献大多采用时序数据进行研究，只是样本获取的地区有所不同，有的是运用中国总体的时序数据，有的是针对省、市的时序数据。近年来，越来越多的研究人员开始利用省级面板数据进行中国环境库兹涅茨假说的验证，并且环境污染指标大多是采用统计时间较长、数据较完整的工业污染排放数据，即工业“三废”。下面，笔者将选择比较有代表性的相关文献进行回顾。

彭水军和包群（2006）利用中国 30 个省市 1996~2000 年的面板数据，构建了包含污染排放方程与收入水平的联立方程组，对中国污染排放和收入间的关系进行了实证分析。他们的结果表明，在所选取的 6 类污染指标中（包括工业废水排放量、工业废水中污染物化学需氧量、工业粉尘排放量、工业烟尘排放量、二氧化硫排放总量和工业固体废弃物排放量），除了工业废水中污染物化学需氧量意外的其他指标都验证了环境库兹涅茨假说的存在，只是所有的省市仍处于倒 U 型曲线的左半段。此外，环境科研经费和贸易开放度的提高有利于减少污染排放，产业结构的变化也是影响污染排放的重要因素之一。

之后，宋涛等（2007）通过面板协整方法，采用 1985~2004 年跨度更长的面板数据对中国 29 个省市的工业污染排放进行了研究，不同的是采用的污染指标为人均排放量。他们认为人均工业废气排放与人均工业固体排放随人均收入的增长均呈现出倒 U 型的趋势，这一结果部分验证了彭水军和包群（(2006）的研究结论。而人均工业废水排放量则在考虑时间效应时为倒 U 型，没有考虑时间效应时为线性减少的趋势。

此外，在运用空间面板方法对 1990~2006 年中国 29 个省市人均工业污染与经济增长进行研究后，黄莹等（2009）也得出了类似的结论，对于人均工业废气和人均工业固体废弃物的排放，环境库兹涅茨假说再一次得到验证，而人均工业废水与经济增长之间却呈现出正 U 型关系。

还有学者从 CO_2 角度对中国碳排放的环境库兹涅茨假说进行了检验，如杜立民（2010）对中国 1995~2007 年 29 个省市的 CO_2 排放重新进行了估算，并通过静态和动态相结合的面板数据模型实证检验了中国碳排放库兹涅茨曲线存在性，结果发现经人均 CO_2 排放随经济增长呈现出倒 U 型趋势。虞义华等（2011）对 CO_2 排放强度和人均 GDP 与产业结构间的关系进行了分析，结果表明碳排放强度与经济发展水平间存在 N 型关系。

第三节　本章小结

通过 3 个经典环境压力影响基本模型以及环境库兹涅茨曲线文献梳理可以看出，经济发展水平、人口以及技术进步等因素是影响环境污染排放的关键因素。此外，不同学者对中国环境库兹涅茨假说的存在性采用了不同的计量方法和数据时间，从数据的经验分析结果看会有较大的差异，但从工业废气和工业固体废弃物的排放量或人均排放量这些环境指标上看，都能够得到相同的结论，而工业废水排放的检验结果却存在极大的不一致性，后文将利用经济发展水平等关键因素和其他一些相关因素对中国环境污染排放重新做经验分析。

第三章　不平等测度的理论基础

差异以各种形式存在于社会生活的方方面面，各地的气候条件、人们的身体健康状况、受教育水平以及实际工作年限等都不尽相同。从理论上讲，差异与不平等两个概念可视作等价相互替换，当差异或不平等严重到一定程度时会上升转化为不公平。在经济学研究中，不平等度量始于对收入不平等状况的度量，继而推广至其他领域。人们关心收入不平等，因为它是关系到切身生活质量和社会整体福利水平能否提高的重要影响因素。与其他研究理论、方法的诞生过程类似，经济学家围绕收入不平等的度量也展开了激烈的讨论，至今仍是众多理论和经验研究的热点问题。为以后章节的讨论方便，这一章对不平等测度的理论基础进行了详细梳理。

第一节　测度不平等的图表工具

如果社会仅由两类或三类群体组成，那么经济学家和其他领域的学者在研究不平等时会省去不少时间和精力。但在现实生活中，不平等的构成并不是如此简单，分配的载体往往是一大群拥有不同特征的人。因此，在对不平等度量的激烈讨论中，经济学家们希望采用一种方法在能反映不同受体的各自分配状况同时还能表现出不同受体的分配差异。在这种情形下，图表的运用无疑为经济学家们提供了一个良好的选择。通过作图，分配的信息以图表形式表现出来不仅具有自明性而且能反映不平等的基本思想，本书将以收入分配为例对不平等的相关图表工具进行考察。

一、高矮序列

Jan Pen（1971）的高矮序列（Parade of Dwarfs and Giants）是收入分配最具说服力和吸引力的直观示例图。它假设研究对象中的每个人拥有与其收入相对应成比例的身高，其中收入为平均值的人被赋予平均身高。人们依据由低到高的身高顺序排成一行，并根据给定的时间间隔（比如一个小时）逐渐加入到队列中以形成比原来更长的队列，最终得到如图 3-1 所示的图形。这个著名的队列故事不仅深入浅出地解释了收入不平等的分配，而且还意味着社会福利可以通过所有成员的“收入分布”来反映。

在图 3-1 中，横轴代表累计的人口比例 Q，其中 OC 代表整个队列完成所用的时间，纵轴代表个人收入 y。B 代表整个队列中拥有平均收入（身高）的人出现的时点，OA 的高度则代表此人的收入（身高）——所有人的平均收入$\bar{y}$。在大多数时间，研究人员对 Pen 的原始图表都进行了过于简单化的处理，即将报告中收入为负的人从样本中进行了剔除，或者为了使整个图表能够完整地在图纸上显示，将最后收入最高的人所代表的收入位置做了处理，使其远低于现实中的真实收入水平。因此，这里对图 3-1 中的 O 点进行平移处理，使其移动到 O′点。变化后的高低序列图中包含了收入水平为负的人口情况，O′点的左侧部分 O′AO 代表收入为负的人口比例及其对应的收入水平，右侧部分 O′GH 则代表收入为正的人口比例及其对应的收入。

在图 3-1 中，人群中的极高收入和极低收入能同时被反映出来，因此高矮序列图表是非常有用的图示方法，能够方便研究人员根据相

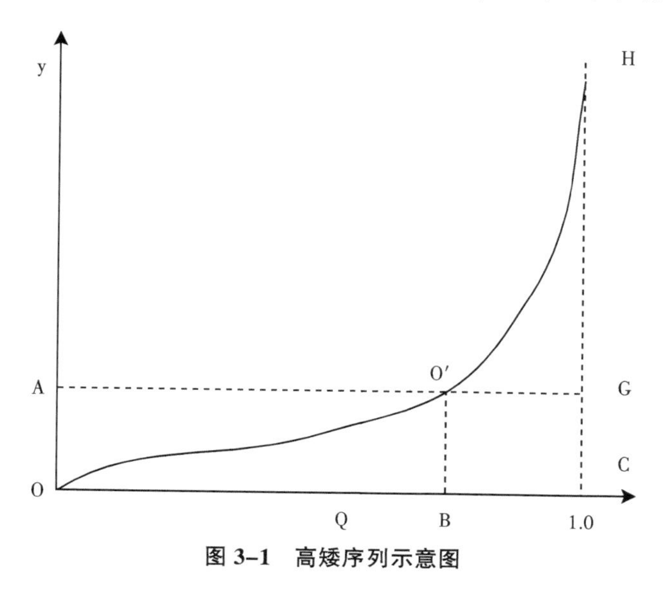

图 3-1　高矮序列示意图

似的统计概念解释其他不平等分析中所包含的基本思想，同时它对有无限个收入者的研究来说，也是一个简单可行的阐释工具。并且无论分配数据是离散形式还是连续形式，它都同样适用。此外，由于它是统计分布函数 F 的一个简单变化，因此也被称为“F 形式”，常被用于收入分配不平等参数模型的相关估计（Cowell，2000）。

二、频率分布图

频率分布图是统计学家常用的分析工具。假设把研究的对象人群按收入水平高低分为收入差距相同的几组，那么每组收入水平对应的人数所占总人数的比例就是频率 f（y），即图 3-2 中阴影所示的直方图面积。若将所有的直方图依照收入递增的顺序在图 3-2 上表示出来，就形成了频率分布直方图。此时再用曲线对图形进行拟合，就能够得到如图 3-2 所示的实线，其中 OA 及 y 与图 3-1 中的含义相同。图 3-2 中的实线也可称为密度函数。

这个频率分布直方图与之前的高低序列图联系十分紧密，但从两个图中并不能直接看出其关系，因此需要在此引入另外一个图形，也

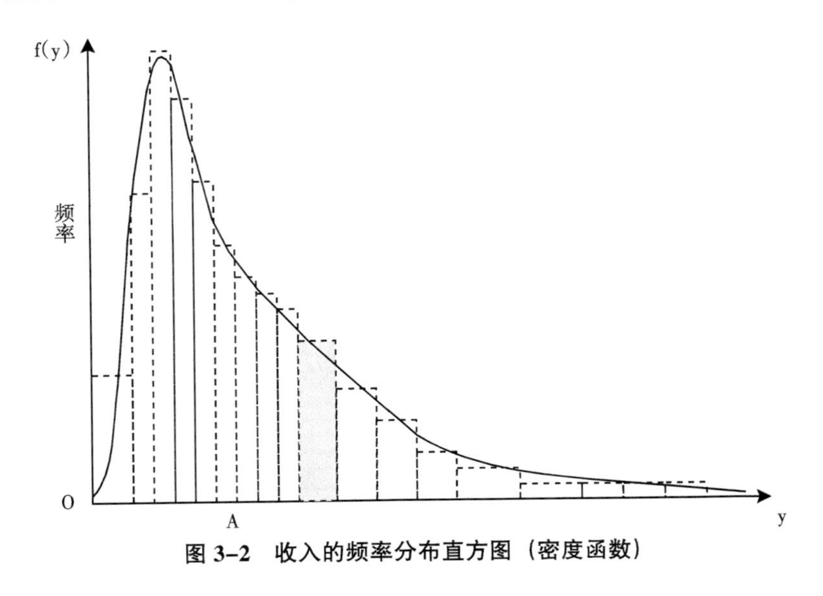

图 3-2　收入的频率分布直方图（密度函数）

就是图 3-2 的另一种表现形式——累积频率图，如图 3-3 所示。图 3-3 中 A、B 点以及 y 的含义与图 3-1 中相同。对比图 3-1 和图 3-3 可以发现，在两个图中横轴与纵轴所代表的意义刚好相反，这就意味着图 3-3 是图 3-1 倒置后的形式。接下来，将用数学公式进一步对图 3-2 和 3-3 之间的关系进行推导。

F(y) 函数反映了使用经济与统计方法分析收入分配不平等的根本概念，也是收入分配 F 形式的一个正式表达。为方便分析，这里引入符号 $\mathfrak{I}$ 作为所有单变量的概率分布空间，其支持域为 $\mathfrak{R} \subseteq \aleph$。其中 $\aleph$ 为实数集，$\mathfrak{R}$ 是一个合适的区间。$y \in \mathfrak{R}$ 代表收入的一个具体数值，$F \in \mathfrak{I}$ 是所研究人口的一个可能收入分布，于是在图 3-3 中，F(y) 表示人群中收入水平小于或等于数值 y 的人口比例。重要的是，实数集 $\mathfrak{R}$ 中隐含的假设包括了 y 在逻辑上的所有可能取值，这是非常有意义的设定。此外，令 $\underline{y} = \inf(\mathfrak{R})$，$\mathfrak{I}(\mu)$ 表示均值为 μ 的 $\mathfrak{I}$ 的子集，这也是在不平等度量的相关案例中，考虑对既定大小的总收入进行分配时需用到的表述方法。以上的设定框架同样适用于解决多变量的分布问题，相应地，空间变为 r 维概率分布空间 $\mathfrak{I}_r$，则有 $\mathfrak{I}_1 = \mathfrak{I}$。

根据之前 F(y) 为 F 形式的正式表达这一概念，可以将收入分配的标准统计分布表示出来，比如对于均值函数 μ，有：

$$\mu(F)=\int y dF(y) \tag{3-1}$$

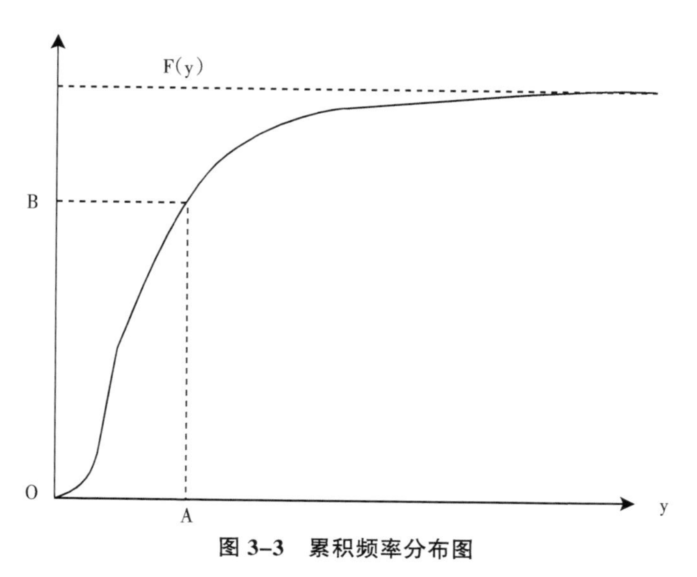

图 3-3　累积频率分布图

此外，F 函数在一定范围内囊括了大量理论与经验上存在的分配情形，包括一些重要的特例。例如，如果 $F\in\mathfrak{I}$在$\mathfrak{R}'\subseteq\mathfrak{R}$的某个区间绝对连续，则可以在区间$\mathfrak{R}'$上定义密度函数 f，此时如果在 $y\in\mathfrak{R}'$点上可微，则密度函数 f 可以表示为：

$$f(y)=dF(y)/dy \tag{3-2}$$

在某些情形下，使用密度函数 f 研究收入分布比函数 F 更加简单直观。此外，以上分析框架在函数 F 不可微分的情形下依然能够充分灵活地变化。例如，对于有限 n 维向量 $Y=(y_1, y_2, \cdots, y_n)$ 则可以表述为：

$$F(y)=j/n，\text{如果 } y\geqslant y_{[j]} \tag{3-3}$$

式中，$y_{[j]}$表示向量 Y 中第 j 个最小的分量。如果向量 Y 中的分量 $y_1, y_2, \cdots, y_n$ 各不相同，那么式（3-3）则可以更为直接地改写成式（3-4）的形式。以上关于收入分配的基本分析框架不仅仅适用于不平等的度量，对其他相关领域如社会福利比较问题以及贫困比较也同样适用。

$$
dF(y)\begin{cases}1/n, & 如果\ y=y_1 \\ \cdots, & \cdots \\ 1/n, & 如果\ y=y_n \\ 0, & 其他\end{cases} \tag{3-4}
$$

三、洛伦兹曲线

洛伦兹曲线诞生于 1905 年，是阐释收入分配不平等的有力工具。仍然让所有人按照收入以由低到高的次序排列，将累积的人口比例为横轴，与其对应的累积收入比例为纵轴，对收入分配样本进行数据处理后进行曲线描绘，最终得到如图 3-4 所示的洛伦兹曲线。

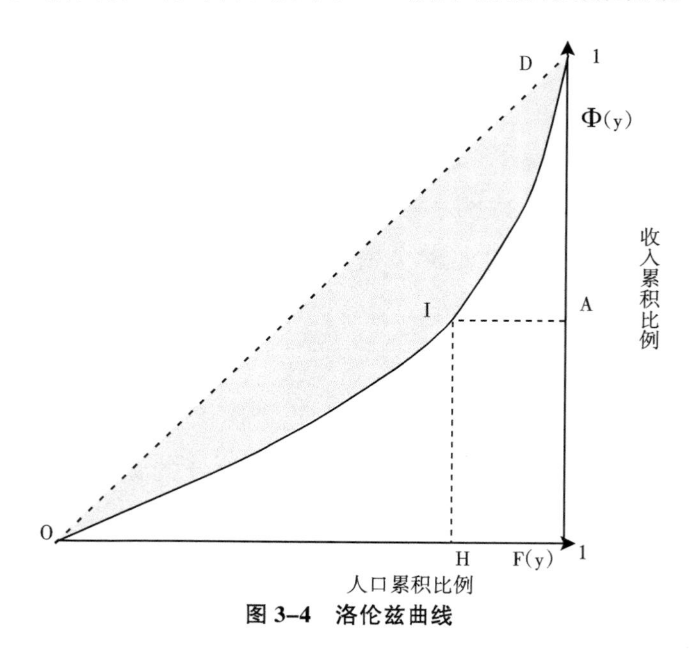

图 3-4 洛伦兹曲线

洛伦兹曲线上 F(y) 为人口累积比例，Φ(y) 为收入累积比例。虚线 OD 为完全平等线（又称绝对平等线），上面的任一点都表示人口累积百分比等于收入累积比例，换句话说，此时任一人口百分比均等于其收入百分比，每个人的收入都相同。阴影部分为现实收入不平等状况与完全平等状况间的差别，阴影面积越大，分配越不公平。B 点与图 3-1 中的含义相同，表示人群中拥有平均收入的人出现的时点，此时对应的累计人口比例和累计收入比例在洛伦兹曲线上则表示为 P 点。对 P 点做切线后能发现一个有趣的现象，那就是过 P 点的切线与完全平等线 OD 平行。此外，如果采用洛伦兹曲线的斜率与相应的人口累计比例作图，就能够还原出图 3-1 所示的高矮序列图（Cowell，2007）。

需要注意的是，当两条洛伦兹曲线相交时，则无法明确判断哪条曲线所代表的不平等程度更高，因此为了进一步比较，需要借用不平等测度的指标工具，接下来将对不平等指标的公理性原则进行梳理。

第二节　测度不平等的指标工具

对于不平等的度量有多种方法，每种方法在表述或数学分析上都各有千秋[①]。但是，一些看似合适的度量工具在实际运用中却并不理想。比如方差，这可能是度量不平等最简单的方法，但因其并不独立于收入规模，这种使所有收入翻倍的简单度量方法只会让收入的不平等程度变成实际的 4 倍。因此，大多数学者都认为对于不平等度量工具的选择需要根据其性质遵照一组既定的原则，这样既能使指标的测度具有较佳的准确性，又不至于偏离现实。接下来，笔者将对影响不平等度量指标选择的 5 个关键公理性原则进行梳理。

① Cowell（1995）讨论了至少 12 种不平等的度量方法。

一、指标遴选公理性原则

（一）匿名性原则

这个原则有时又被称为“对称性”（Symmetry）原则，它要求不平等度量指标的度量结果 I(y) 不受除收入以外的其他个体特征影响，也就是说任意对调收入样本中的两个人，不平等的测度结果应保持不变，而与被观测个体的身份、地位或年龄等信息无关，其数学表达为：

$$I(y_1, y_2, y_3, \cdots, y_n) = I(y_2, y_1, y_3, \cdots, y_n) = I(y_1, y_3, y_2, \cdots, y_n) = \cdots \tag{3-5}$$

（二）Pigou-Dalton 转移性原则

转移性原则的提出需要追溯到 Pigou 和 Dalton 分别于 1912 年和 1920 年对不平等度量所做的相关研究。从根本上讲，这个原则要求在收入的平均水平保持不变的情况下，当一笔收入从一个穷人转移到另一个更富有的人时，不平等程度应该上升或至少不会下降）。相反，当一笔收入从一个富人转移到穷人时，不平等程度应该降低（或至少不会上升）[①]（Atkinson，1970、1983；Sen，1973）。假设对于收入分配 $Y = (y_1, \cdots, y_i, \cdots, y_j, \cdots, y_n)$，存在一个正数 δ 且满足 $0 < \delta < y_i < y_j$，则有：

当 $Y' = (y_1, \cdots, y_i - \delta, \cdots, y_j + \delta, \cdots, y_n)$ 时，

$$I(Y) = I(y_1, \cdots, y_i, \cdots, y_j, \cdots, y_n) \leqslant I(Y') = I(y_1, \cdots, y_i - \delta, \cdots, y_j + \delta, \cdots, y_n) \tag{3-6}$$

而当 $Y'' = (y_1, \cdots, y_i + \delta, \cdots, y_j - \delta, \cdots, y_n)$ 时，则有：

$$I(Y) = I(y_1, \cdots, y_i, \cdots, y_j, \cdots, y_n) \geqslant I(Y'') = I(y_1, \cdots, y_i + \delta, \cdots, y_j - \delta, \cdots, y_n) \tag{3-7}$$

对于大多数不平等文献中的度量工具，包括广义熵指数，阿特金

① 当收入进行转移后，并不影响穷人和富人的相对位置。

森指数以及基尼系数都满足这一原则，而对数方差则例外（Cowell，1995）。

（三）人口无关性原则

Dalton在1920年首先提出人口无关性原则，认为在收入分配状况一致的情况下，不平等度量的结果与样本的人口规模大小无关，即不平等的度量结果不受样本体积大小的影响，能始终保持一致。这个原则有时也被用于社会福利和贫困状况的比较，具体的数学表达如下：

$$I(y_1, y_2, \cdots, y_n) = I(y_1, y_1, y_2, y_2, \cdots, y_n, y_n)$$
$$= I(\underbrace{y_1, \cdots, y_1}_{m}, \underbrace{y_2, \cdots, y_2}_{m}, \cdots, \underbrace{y_n, \cdots, y_n}_{m}) = \cdots \quad (3-8)$$

人口无关性原则与匿名性原则的结合使用，能够使研究人员对用F形式表示的基本收入分配形式进行不平等分析。但是，只采用以上两个公式进行指标选择，对不平等度量的准确度仍会造成影响，因此还需要结合其他大多数不平等文献中采用的重要原则。

（四）尺度无关性原则

这个原则要求当样本中的所有个体收入同时以相同的比例增大或相同的比例缩小时，不平等度量的结果保持不变。有学者也把这个原则称为齐次性（Homogeneity）原则（万广华，2008），当把收入的衡量单位从“元”变成“角”时，收入不平等的度量结果不受影响。即对收入分配 $Y = (y_1, \cdots, y_i, \cdots, y_j, \cdots, y_n)$，存在任意尺度 $\lambda > 0$，则有：

$$I(y_1, y_2, \cdots, y_n) = I(\lambda y_1, \lambda y_2, \cdots, \lambda y_n) \quad (3-9)$$

此外，当每个人的收入都同时变化 $\alpha \neq 0$ 时，不平等程度则应该发生变化，即：

$$I(y_1, y_2, \cdots, y_n) \neq I(y_1 + \alpha, y_2 + \alpha, \cdots, y_n + \alpha) \quad (3-10)$$

这时不平等指标测得的结果应该增加或减少。

（五）单调性原则

单调性原则要求在一个收入分配样本中，如果某个特定个体的收入水平发生了平移，则不平等度量值也要出现相同方向的增减变化。即对于 $Y = (y_1, \cdots, y_i, \cdots, y_n)$，若有正数 $\delta > 0$，则对 $Y' = (y_1, \cdots, y_i + \delta, \cdots, y_n)$，有：

$$I(Y) = I(y_1, \cdots, y_i, \cdots, y_n) < I(Y') = I(y_1, \cdots, y_i + \delta, \cdots, y_n) \tag{3-11}$$

如果将单调性原则与洛伦兹曲线结合用来分析不平等问题，在有些不平等文献中又被称为“强洛伦兹一致性”（万广华，2008）。当两条洛伦兹曲线完全重合时，不平等度量值完全相同；但如果其中一条完全位于另一条的左边，则左边的洛伦兹曲线不平等程度较低。

以上的一系列原则是对衡量不平等度量工具以及相关福利理论的标准化方法的一个简要总结，然而需要注意的是，在很多情况下还有其他可行的方法能够作为替换。比如单调性原则的要求过于严苛，作为替换，可以考虑整个收入分布样本统一右移的情况，这样整个样本的福利应该增加（Cowell，2000）。

另外，还有一些原则在一些不平等文献中进行了讨论但并不常用于选择指标，如可分解性原则（Decomposability）与标准化原则（Normalization）。可分解性原则是指整体的不平等程度可以由样本亚组的不平等程度构成，对于广义熵指数而言，其整体的不平等程度可以分解为组间和组内不平等之和；阿特金森指数也可以做同样的分解，但其组间和组内不平等之和不等于整体的不平等；而基尼系数的分解则非常特殊，只能在样本亚组个体收入严格不重复的情况下进行分解。标准化原则是指每个人的收入完全相同时，不平等一定为零。

二、基尼系数

在浩瀚的不平等研究文献中，不平等指标的计量方式和改进总是研究分析的重点。从是否存在量纲的角度来说，不平等指标可以分为两个大类：绝对指标和相对指标。Kolm 指数（1976）是绝对指标中最著名的指标，这类指标的度量单位决定了其测量数值的大小，比如过去常用于测度不平等的方差和收入差指标。在收入分配状况保持不变的情况下，当改变测度单位时，使用这类指标会使不平等程度的测度结果产生变化，也违背了前文提到的收入尺度无关性原则（Income Scale Invariance）。因此，在实际度量中，越来越多的研究人员开始采用无量纲的相对指标，例如广义熵指数、阿特金森指数以及基尼系数等都属于这一类指标。接下来，本书首先对应用最为广泛的基尼系数进行阐释。

在谈论基尼系数之前，首先需要提到 Pareto 于 1985 年提出的用于研究不平等度量的统计学方法，其工作对不平等的研究分析具有开拓性的重要意义。与柯布—道格拉斯生产函数的产生类似，在对收入分配数据进行经验观察后，Pareto 运用统计学方法进行了相关理论推导，得到了 Pareto 函数。为与前文一致，这里仍然用 Y 代表收入，样本规模为 N，y 为样本中的个体收入值，将其依照由低到高的次序排列，得到排序 y_1，y_2，…，y_i，…，y_N，其中 y_1 和 y_N 分别为收入的最小和最大值。与图 3-3 类似，可得到如图 3-5 所示的收入累积分布函数。

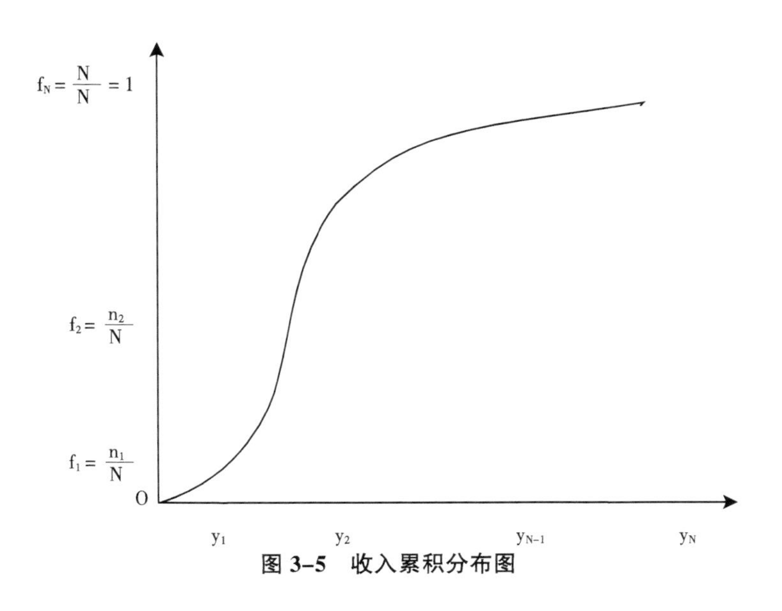

图 3-5　收入累积分布图

图 3-5 中 n_1、n_2 表示样本中收入小于或等于 y_1、y_2 的人口数量，同理 N 代表收入小于或等于 y_N 的人数，即为整个样本人数 N。为得到图 3-5 中的曲线函数，Pareto 对 y 与 n 之间的关系做出了如下的对数线性设定：

$$\log n_i = P + \alpha \log y_i \tag{3-12}$$

也就是 $n_i = e^P y_i^\alpha = Q y_i^\alpha$ （3-13）

当收入取 y_N 时则有 $N = Q y_N^\alpha$ （3-14）

将式（3-13）除以式（3-14）可得到：

$$n_i / N = (y_i / y_N)^\alpha \tag{3-15}$$

由于 n_i / N 可看成在半封闭区间［0，1）上的均匀分布随机变量，因此可以设定 $S(y) = n_i / N$ 为收入变量 Y 的反累积分布函数，则有：

$$S(y) = (y_i / y_N)^\alpha \tag{3-16}$$

式（3-6）即为 Pareto 函数的数学表达。当然，这仅为 Pareto 分布函数的第一种类型，在此基础上 Pareto 又提出了另两种分布函数，由于这并不是本书的研究重点，因此不在这里作具体讨论。此后 Pareto 曾经建议，用式（3-16）中的 α 作为指数来衡量收入的不平等状况，然而其适用性却遭到了 Gini（1910）的质疑，认为 α 指标的计算过程并不稳健。Gini 在 1914 年提出了基于洛伦兹曲线的著名基尼系数，虽然同其他新理论一样，基尼系数也经历了各方质疑，但最终为学术界接受并成为不平等度量中应用最为广泛的指标。

在图 3-6 中，阴影部分 S_A 即为洛伦兹曲线与完全平等线之间的图形面积，S_B 为洛伦兹曲线以下的图形面积，则基尼系数的定义为：

$$I_{Gini} = \frac{S_A}{S_A + S_B} \tag{3-17}$$

当 S_A 等于 0 时，基尼系数为零，代表收入分配状况完全平等；当 S_B 等于 0 时，基尼系数为 1，此时收入分配绝对不平等。基尼系数在 0 到 1 之间变化，数值越大，分配越不均等。

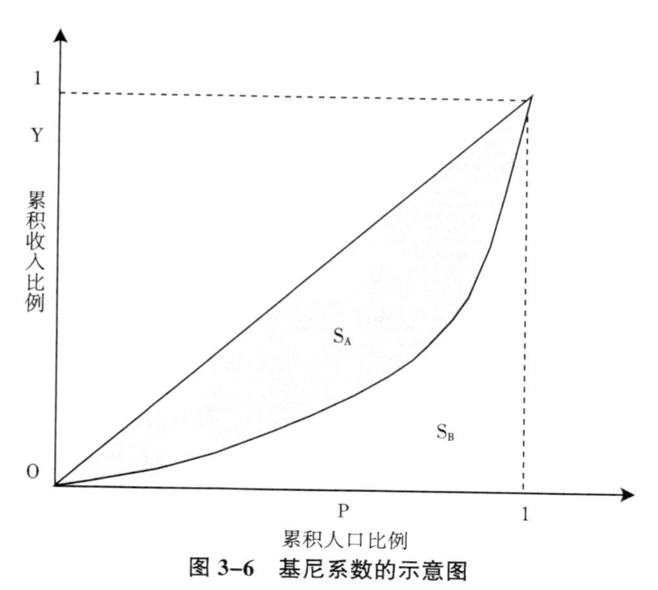

图 3-6　基尼系数的示意图

式（3-17）只是一个简明的数学表达，不具有实际的可操作性。因此在基尼系数提出后，众多的学者对其估算进行了各种探索和尝试，这里主要介绍一种代表性方法，便是对洛伦兹曲线的拟合算法。由于 A 的面积难以计算，因此这种做法是运用数学方法得出洛伦兹曲线的函数表达，然后运用积分方法算出 B 的面积，最后就能得到基尼系数值。

设定洛伦兹曲线的函数为幂函数表达：

即 $L = \alpha P^{\beta}$　　(3-18)

对洛伦兹曲线求积分有 $S_B = \int_0^1 \alpha P^{\beta} dP$　　(3-19)

$$I_{Gini} = \frac{S_A}{S_A + S_B} = \frac{S_{A+B} - S_B}{S_{A+B}} = 1 - 2S_B = 1 - 2\int_0^1 \alpha P^{\beta} dP \quad (3-20)$$

以上推导的一个更为一般性的数学表达为：

$$I_{Gini}(F) = \frac{1}{2\mu(F)} \iint |y - y'| dF(y) dF(y') \quad (3-21)$$

$$= 1 - 2\int_0^1 L(F,\ P) dP \quad (3-22)$$

$$= \int y\kappa(y)dF(y) \tag{3-23}$$

式中，洛伦兹曲线的函数形式以 L(F，P) 表示，$\kappa(y)$ 为权数 $\kappa(y) = [F(y^-) + F(y^+) - 1]/\mu(F)$，此外还需要注意式（3-21）、式（3-22）和式（3-33）这 3 个表达式分别对收入分配以及其内部的不平等状况的解释：

首先对于式（3-21），它根据对差异的特别定义，把握了人们收入间的“平均差距”，从而标准地阐述了人群中各收入对（Pairs of Incomes）之间的标准平均绝对差异。如果对这个“平均差距”进行改动，就会产生其他的不平等度量指标：比如根据欧几里得范数（Euclidean Norm），则会产生一个与方差具有相同意义的度量指标（Cowell，2000）。

式（3-22）则揭示了基尼系数与洛伦兹曲线之间的紧密联系，基尼系数其实就是洛伦兹曲线与完全平等线之间面积的归一化问题，即两倍的阴影部分面积。

此外，式（3-23）揭示了基尼系数的一个特别重要的性质，它是人群中所有收入水平的加权总和，而权数 $\kappa(y)$ 的大小则由收入分布 F(y) 中的收入排序决定。

基尼系数对于人群中高收入者的观测值较敏感，如果高收入者收入数据质量较差，基尼系数的估计值则会有很大偏误。此外，还有一个不合理之处，同样的一笔收入转移到样本众数附近，将引起比转移到样本最低收入群体更大的不平等下降。即使有这样的不合理存在，基尼系数依然受到了广泛的应用，不仅仅因为它满足不平等指标遴选的 5 个原则，还因为它的数值区间始终在 0 和 1 之间，不会因为样本数值的变化而改变。此外，与其他大多数相对指标不同，它本身带有经济学含义[①]（万广华，2008）。

需要指出的是，对于连续形式的收入分布，基尼系数可以用前文所述方法进行积分的计算，那么对于离散型的收入分布又该如何进行不平等计算呢？此时需要引入另一个公式，即式（3-21）的一个变形，对于离散型的收入变量 y，有：

$$I_{Gini} = \frac{1}{2n^2\bar{y}}\sum_{i=1}^{n}\sum_{j=1}^{n}|y_i - y_j| \tag{3-24}$$

在此基础上，还有学者（Deaton，1997）提出了直接测度基尼系数的数学公式：

$$I_{Gini} = \frac{1}{n(n-1)\bar{y}}\sum_{i>j}\sum_{j}|y_i - y_j| \tag{3-25}$$

然而，式（3-25）的数据需要满足其等分组数据的前提要求，而在现实生活中，很多不平等问题的样本数据（如污染物排放数据）是不等分组数据。因此，Thomas、Wang 和 Fan 在 2000 年针对这个数据漏洞提出了基尼系数的非等分组数据的数学计算公式，这样就避免了数据分组带来的烦恼：

$$I_{Gini} = \frac{1}{\bar{y}}\sum_{i=2}^{n}\sum_{j=1}^{i-1}P_i|y_i - y_j|P_j \tag{3-26}$$

在式（3-26）中，P_i 为样本中第 i 组人口占总人口的比重。

三、广义熵指数

Theil 在 1967 年提出并扩展了广义熵指数（Generalized Entropy）(Theil，1972)，它由一组指标构成，其一般数学表达形式为：

$$GE = \frac{1}{\alpha^2 - \alpha}\left[\frac{1}{n}\sum_{i=1}^{n}\left(\frac{y_i}{\bar{y}}\right)^{\alpha} - 1\right] \tag{3-27}$$

---

① 比如一国的基尼系数为 0.4，意味着全国最富裕的 20%的人拥有全国 60%的收入，而 80%的人只享有剩下的 40%的收入。

式中，n 为样本容量，y_i 为个体 i 的收入，$i \in (1, 2, \cdots, n)$，$\bar{y}$为收入的平均值。广义熵指数的取值范围是 $[0, \infty)$，取值为 0 时代表收入分配绝对平等，数值越高，不平等程度越高。

参数 α 代表收入分布中不同群体间收入水平差异的权重，取值范围是 0 以及任何大于 0 的正数。当 α 的取值较小时，广义熵指数对收入分配中低收入人群的收入变化更敏感；相反，当 α 的取值较大时，广义熵指数对收入分配中高收入人群的收入变化更敏感。α 最常见的取值有三个：0，1 和 2。对于式（3–25）来说，当取值为 0 时，就得到了第二泰尔指数 T_0，也就是平均对数离差（Mean Logarithmic Deviation），或泰尔 L 指数：

$$GE(0) = \frac{1}{n}\sum_{i=1}^{n} \log\frac{\bar{y}}{y_i} \qquad (3\text{–}28)$$

当 α 取 1 时，就得到了泰尔指数 T_1，即第一泰尔指数或者泰尔 T 指数：

$$GE(1) = \frac{1}{n}\sum_{i=1}^{n} \frac{y_i}{\bar{y}}\log\frac{y_i}{\bar{y}} \qquad (3\text{–}29)$$

当 α 取值为 2 时，广义熵指数就变成了变异系数 CV 平方的 1/2。如果选择变异系数而不是第一或第二泰尔指数来度量不平等，则说明对收入差异有着更加容许的态度。除了基尼系数和广义熵指数之外，阿特金森指标也是不平等度量中较为著名的指标。

四、阿特金森指数

Atkinson 于 1970 年推导出不平等的度量指标——阿特金森指数，从其数学推导过程不难发现，阿特金森指数是目前收入不平等度量指标里，明显带有社会福利思想的一个指数。因此，对于阿特金森指数的了解也要从社会福利函数开始。Cowell（1997）认为，欲推导出阿特金森指数，社会福利函数首先应该满足如下性质：

第一，收入福利函数是非减的，即当社会福利函数上的某一点向右出现了平移，在其他条件不变的情况下，平移后的整体福利应该大于或至少不低于平移前的福利状态。

第二，社会福利函数是对称的，与任何人口特征无关，即任意变换观测人口位置，社会福利不变。

第三，社会福利函数可以通过每个人的效用函数加总得到，即社会总福利等于所有人的效用函数之和。

第四，社会福利函数应隐含着每个人最终收入应均等的原则，这就意味着收入较高的人的边际效用会因为收入的增加而减少，因此从其收入中转移一元钱并不会影响其效用水平，相反穷人得到这一元钱则会使其产生更大的效用，从而使社会总福利得到增加。

第五，社会福利函数对边际效用来说应该是常数弹性的。

通过将人口的实际收入分配福利值与绝对平等收入分配的社会福利值相比较，Atkinson 得到了不平等指数的度量方法。他首先计算出一个等价敏感平均收入 y_ε，并定义若每个人都获得这个等价敏感平均收入时，社会的总福利水平相当于实际收入分配的社会总福利值，y_ε 的计算公式如下：

$$y_\varepsilon = \left[\sum_{i=1}^{n} f(y_i) y_i^{1-\varepsilon} \right]^{\frac{1}{1-\varepsilon}} \tag{3-30}$$

也就是，

$$y_\varepsilon = \left[\int_{y_i}^{1-\varepsilon} dF(x) \right]^{\frac{1}{1-\varepsilon}} = \left[\int f(x) y_i^{1-\varepsilon} dx \right]^{\frac{1}{1-\varepsilon}} \tag{3-31}$$

在式（3-30）中，y_i 是人口中第 i 人的收入，f（y_i）是人口比例的密度函数。ε 为大于或等于 0 的常数，表示对不平等的厌恶程度，也常被称为不平等规避系数（Cowell，1997）。当 ε 逐渐增加，社会中个体收入增加导致的边际效用下降的速度就会越快，此时社会将给予收入较低人群相对更大的权重，其中比较典型的 ε 取值为 0.5 和 2。

在对等价敏感平均收入进行定义后，阿特金森指数的数学表达即为：

$$I_A = 1 - \frac{y_\varepsilon}{\bar{y}} \tag{3-32}$$

式（3-32）中，$\bar{y}$是实际的平均收入。当 y_ε 越接近$\bar{y}$时，阿特金森指数值越小，社会的收入分配越平等，社会的总福利越大；当 y_ε 越远离$\bar{y}$时，阿特金森指数值越大，社会的收入分配越不平等，总福利越小；当 $y_\varepsilon = \bar{y}$时，社会的收入分配绝对平等。而根据社会效用函数的凹性和可加性原则，可以得到$\bar{y} - y_\varepsilon \geqslant 0$，因此阿特金森指数的取值始终在区间［0，1）上。此外，Atkinson（1983）和 Cowell（2007）还发现，阿特金森指数具有强洛伦兹一致性。此外，还有学者（Shorrocks 和 Slottje，2002）发现，广义熵指数和阿特金森指数之间存在可以转换的单调对应关系。如果说 Atkinson 指标的分解除了要考虑组间、组内差异，还要考虑残差的话，那转化为广义熵指数后就没有残差的顾虑了，因此采用广义熵指数度量不平等之后，似乎就没有再使用 Atkinson 指数的必要。

从阿特金森指数的社会福利函数基础以及推导过程可以看出，它符合收入分配不平等度量指标的五条公理性原则，从各个原则来看都是不平等度量的优良指标。但即使如此，阿特金森指数仍然受到了学者的质疑，其中以 Dagum（1990）的批评最为出名。Dagum 认为与阿特金森指数对应的社会效用函数没有将人口中的个体收入相对次序进行研究，只是对个体收入的绝对值进行了考虑，而基尼系数则没有这一问题。

五、简短评价

从图形工具到指标工具，每种不平等度量工具都有其优缺点，没有任何一个度量工具完美无缺。并且，不平等指标都对应着不同的社会福利函数，而不同指标中的不同参数往往会导致最终测度的不平等结果有较大出入。因此，对现实中的不平等问题进行研究时应该综合考虑各种指标，从中选取合适的度量工具。从严格意义上讲，Lorenz曲线是分析不平等最好的工具（万广华，2008）。但是当 Lorenz 曲线交叉时，难以使人判断哪条曲线的不平等程度更高。此外，当数据年限较长、地区较多时，Lorenz 曲线图形可能会难以辨认，因此还需要借助其他的不平等指标工具进行研究，这样才能科学合理地对不平等现象进行测度和解释。

第四章　中国的环境污染排放现实

随着近年来环境污染问题的愈发严重，环境污染导致的社会矛盾日益突出，现已成为全球各国研究的共同课题之一。作为世界最大的发展中国家，中国的环境污染问题同样不可小视。长期以来，工业发展是中国经济发展的主要动力，而中国的环境污染主要来源于工业生产，在对中国环境污染状况进行分析时，主要考虑工业污染排放的现状。

第一节　中国环境污染的总体排放

本书采取中国总体、分省以及东中西部的横向分析视角，以及时间跨度为 1997~2011 年的纵向比较视角相结合的方式进行中国工业污染排放现状的剖析（主要是工业废水、工业二氧化硫和烟粉尘构成的工业废气和工业固体废弃物的排放），数据来自历年的《中国统计年鉴》、《中国环境统计年鉴》以及分省统计年鉴，所有单位的经济数据全部按照 1997 年价进行了折算。

一、工业污染排放总量

工业污染排放总量反映了一段时间内工业污染的总体排放情况，

表 4-1 展示了 1997~2011 年全国工业废水、工业废气（工业二氧化硫和烟粉尘）以及工业固体废弃物的总体排放和增长率状况。

表 4-1　1997~2011 年中国工业污染排放的总体状况

年份	总排放量（万吨）			增长率（%）（和上年相比）		
	工业废水	工业废气	工业固体废弃物	工业废水	工业废气	工业固体废弃物
1997	1880910	2592	65740	—	—	—
1998	2003940	4088	80033	6.54	57.70	21.74
1999	1970636	3588	78436	–1.66	–12.23	–2.00
2000	1941397	3516	81591	–1.48	–2.03	4.02
2001	2024892	3172	88822	4.30	–9.76	8.86
2002	2070822	3079	94503	2.27	–2.95	6.40
2003	2121915	3581	100421	2.47	16.32	6.26
2004	2210432	3683	120018	4.17	2.84	19.51
2005	2430127	4028	134442	9.94	9.37	12.02
2006	2401156	3905	151532	–1.19	–3.05	12.71
2007	2465637	3610	175626	2.69	–7.57	15.90
2008	2415587	3247	190119	–2.03	–10.05	8.25
2009	2342915	2994	203932	–3.01	–7.80	7.27
2010	2373997	2916	240930	1.33	–2.95	18.14
2011	2308381	3118	325903	–2.76	213.40	35.27

从表 4-1 可以看出，工业废水排放是中国工业污染排放的主要来源，每年占整体污染排放量的 87%以上，工业固体废弃物次之，工业废气占比最小。分别来看，1997~2011 年工业废水的排放量并不是持续增长，在 1998 年有所下降，之后逐渐增加到 2007 年的 246.56 亿吨，最为明显的是从 2008 年开始，工业废水排放量开始小幅回落。但即使如此，2011 年工业废水的总体排放量也较 1997 年增加了 42.75 亿吨，平均年增幅为 1.62%。工业废气的排放与工业废水类似，形成了一个先升高后下降，再升高再下降的 M 型波动趋势，年排放量平均增幅为 1.45%。工业固体废气物的总体排放情况则与前两者完全不同，不仅基本维持着逐年递增的排放趋势（仅 1999 年有所降低），而且每年的平均增幅为 28.27%，而 2011 年的增幅更是达到了 35.27%。总体上看，截止到样本观察期末的 2011 年，各工业污染物的总体排放水平

都较期初有所提升，只是增长过程和增长幅度不同，中国工业污染物的总体排放仍然对环境造成了较大的承载压力。

二、工业污染物排放强度（单位工业产值的污染排放量）

在国内外环境污染物排放的相关研究中，单位 GDP 的污染物排放量常被作为衡量污染物排放的强度指标。不同的是，在本书中使用的是单纯的工业污染物排放指标，不涉及第一产业、建筑业以及第三产业的污染排放状况，因此笔者用单位工业产值的污染排放量来表征排放强度。

此外需要说明的是，为了能对不同年份的数据进行比较分析，本书的所有经济变量都以 1997 年可比价进行了调整。各工业污染物的排放强度分别如图 4-1、图 4-2 和图 4-3 所示。

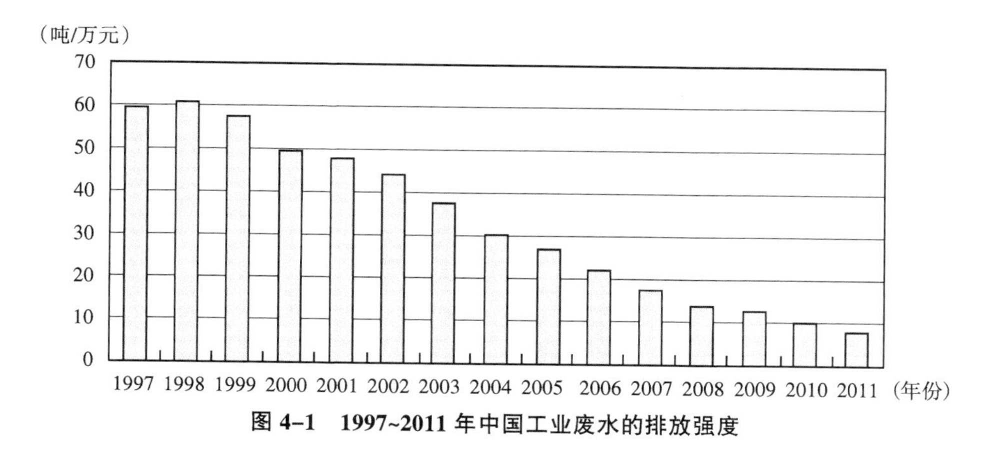

图 4-1　1997~2011 年中国工业废水的排放强度

从图 4-1 不难看出，工业废水的排放强度处于逐年递减的状况，从 1997 年的 59.61 吨/万元下降到 2011 年的 7.80 吨/万元，减少了 51.81 吨/万元。也就是说，随着时间推移，2011 年，每实现一万元工业产值需要排放的工业废水比 1997 年下降了 51.81 吨，生产同样单位产值的工业产品造成的废水排放在逐渐减少。这与表 4-1 反映的中国工业废水总排放量有所上升的情况截然不同，一个可能的解释是工业产能的增加抵消了单位工业产值废水排放减少带来的“好处”，因此从总量上看，废水排放不降反升。同样，对工业废气以及固体废弃物排放强度状况进行分析也能得到类似的结论。

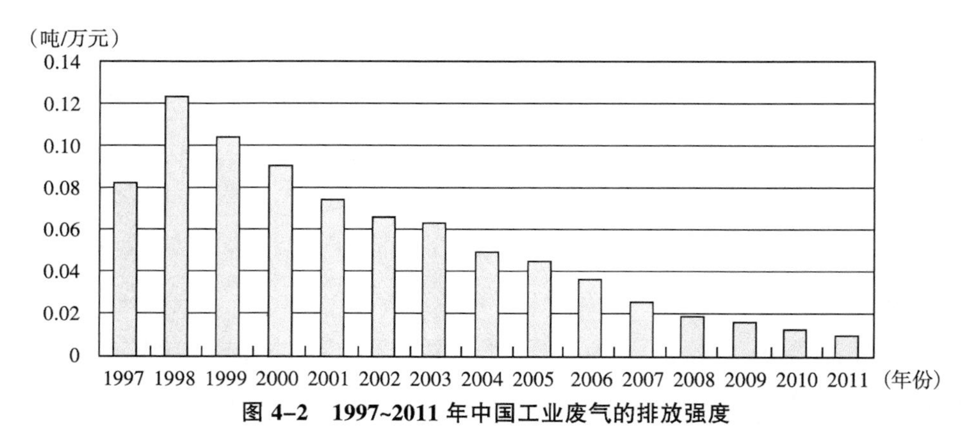

图 4-2　1997~2011 年中国工业废气的排放强度

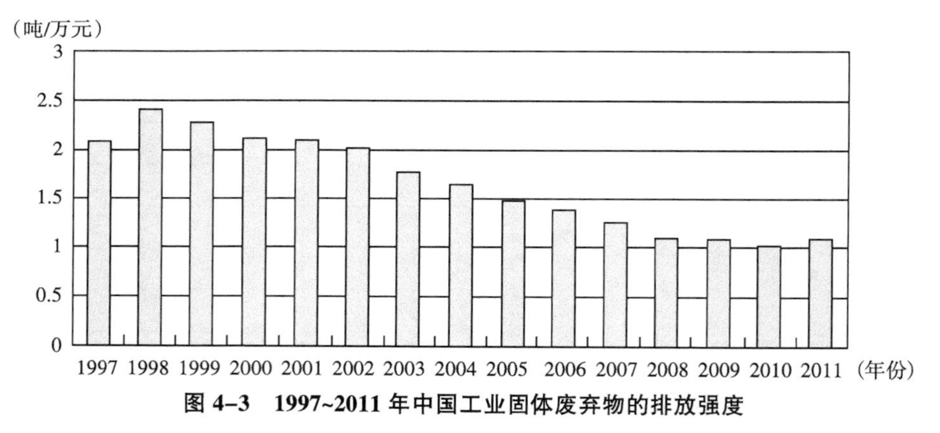

图 4-3　1997~2011 年中国工业固体废弃物的排放强度

如图 4-2 和图 4-3 所示，和期初相比，工业废气和固体废气物在样本期末的排放强度分别减少了 0.07 吨/万元和 0.98 吨/万元，均有较大幅度的下降。

第二节　分省的环境污染排放

一、工业污染排放总量

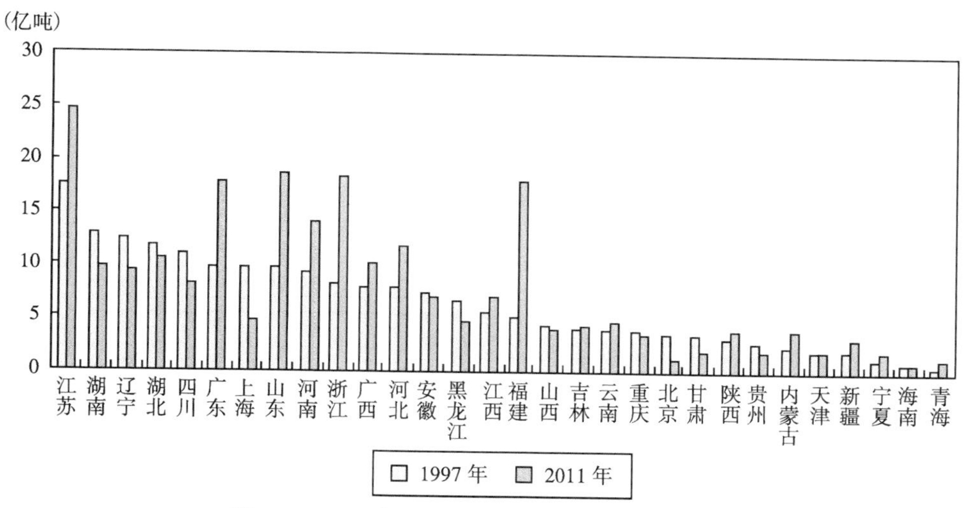

图 4-4　1997 年和 2011 年各省工业废水排放量

根据 1997 年工业废水排放量由高到低的次序对各省市的相对位置进行排序，可以得到图 4-4 所示的 1997 年和 2011 年各省工业废水排放量的柱形比较。从图形可以直观看出，期初期末各省市的工业废水排放并未呈现出一致的增长或者减少趋势，而是有增有减。其中，废水排放量上升的省市有 16 个省市，分别为江苏、广东、山东、河南、浙江、广西、河北、江西、福建、吉林、云南、陕西、内蒙古、新疆、宁夏和青海，其他各省市则有不同程度的降低。从绝对量上看，福建废水排放变化得最多，达到了 12.57 亿吨。此外，从排放的相对名次来看，各省份的相对位置变化巨大，1997 年工业废水排放的前三个省市为江苏、湖南和辽宁，2011 年则变为江苏、山东和浙江，江苏始终是工业废水排放最多的省份。这表明，随着工业产值的增长，工业废水排放的地区差异日益悬殊。

对工业废气排放进行分析不难发现，只有山东、辽宁、四川、广西、上海、北京、天津和海南 8 个省市的绝对排放量在 2011 年出现了降低，其他省市的排放量都不同程度地增加了。其中，绝对量上升最多的是山西，与 1997 年相比，2011 年排放量增加了 103.03 万吨，其次为河北，增加了 75.43 万吨。从相对量的变化来看，上升幅度大的地区均为中西部省市，其中新疆的工业废气增加得最快，竟高达 176.19%，其次为青海，也高达 129.16%。从图 4–5 中可以明显看出，各省市排放量的相对位次出现了较大变化，1997 年工业废气排放的前三个省市为山东、河北和辽宁，而 2011 年则变为河北、山西和山东。

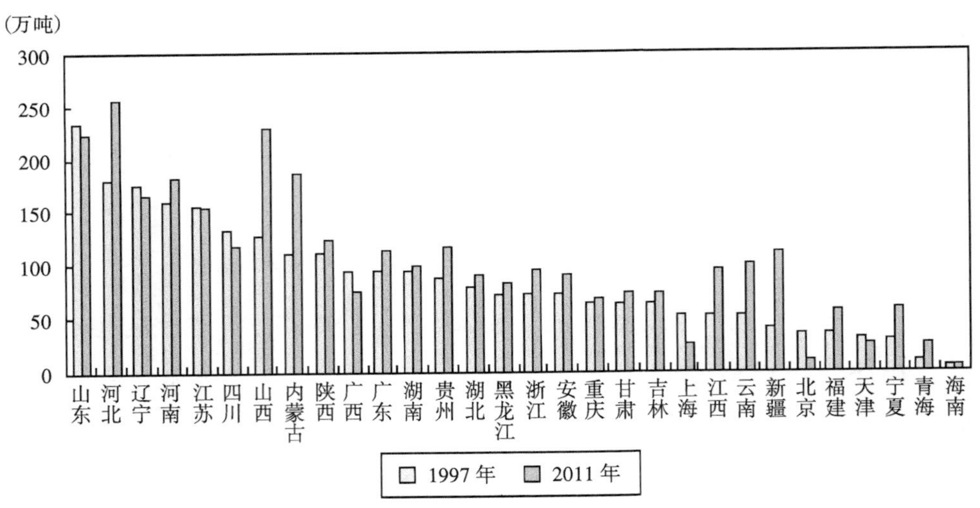

图 4–5　1997 年和 2011 年各省工业废气排放量

与工业废水和废气排放情况截然不同的是，2011 年各省市的工业固体废弃物排放与 1997 年相比呈现出统一上升的状况，而且无论从绝对量上还是相对量上看所有省市的排放量都有大幅度增加。与 1997 年相比，2011 年河北排放量增加得最多，达到了 3.93 亿吨，青海的增长率则最高，竟高达令人咋舌的4448.89%，其他省市的增长率也维持在195.14%以上。上海、黑龙江和北京三个省市的增长率则相对较低，其中北京排放量15年来基本没变，只增长了0.79%。另外，如图4-6所示，在1997年各省市的工业固体废弃物排放量差异相对平和，排放量最高的省市和排放量最低的省市之间差距为0.66亿吨，在2011年则差异愈加悬殊，为4.47亿吨。

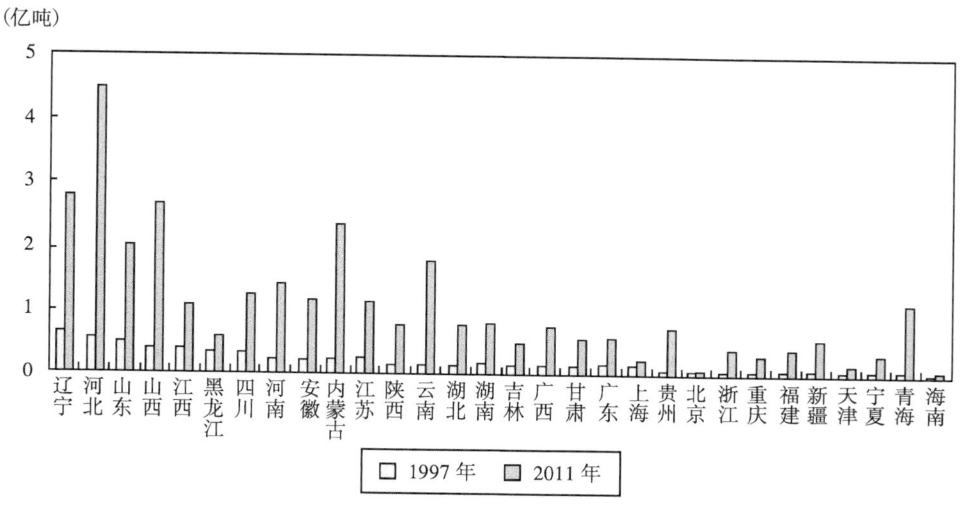

图4-6　1997年和2011年各省工业固体废弃物排放量

二、工业污染排放强度

如图4-7所示，与1997年相比，2011年全国各省市工业废水排放强度均有大幅度下降。与图4-4结合分析不难看出，在工业废水排放强度下降的前提下，2011年仍有大量省市的工业废水排放较1997年有大幅上升，说明随着时间推移，各省市的工业产能都有较大幅度的提高，而部分省市排放强度减小带来的环境正效应不及产能提高带来的环境负效应大，因此才会出现上述情况。

从图4-7可以发现，1997年排放强度最大的是海南，竟然达到了149.16吨/万元；2011年最高为福建，排放强度为18.36吨/万元。此外，1997 年最高值为最低值的 4.78 倍，而 2011 年这一数值变为 8.30，表明虽然工业废水排放强度在降低，但各省市间的差异依然非常显著。

需要注明的是，所有的工业产值都按照 1997 年的价格进行了调整，便于比较分析。

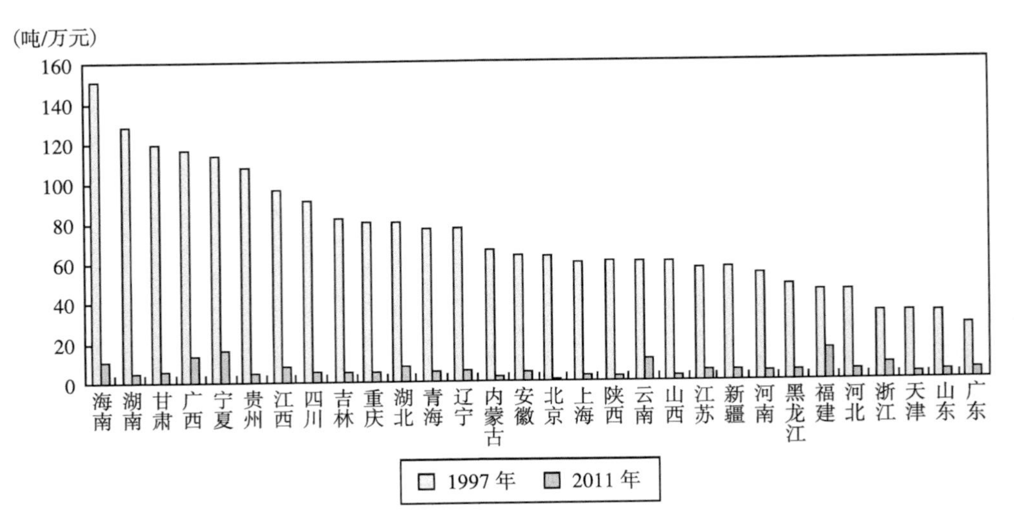

图 4-7　1997 年和 2011 年各省工业废水排放强度

各省市工业废气排放强度状况与工业废水类似，从图 4-8 来看，2011 年各省市的排放强度也有非常大的降幅，说明随着各省市经济的发展，生产技术手段愈加成熟，技术效率逐渐提升，单位工业产值的废气排放量也相应降低。1997 年和 2011 年废气排放强度最高的都是宁夏，分别为 0.45 吨/万元和 0.05 吨/万元。同年度相比，1997 年排放强度最高省份为最低省份的 14.97 倍，而 2011 年这一数值为 22.29，说明虽然工业废气排放强度降低了，但是各省市间排放强度仍有非常明显的差异。

与工业废水、废气排放强度情况不同，2011 年工业固体废弃物的排放强度没有出现预想的统一下降情况，绝大部分省市都有不同程度降低，而青海和云南两个西部省市的排放强度则不降反升。其中，青海的工业固体废弃物排放强度竟达到了 10.32 吨/万元，与 1997 年相比

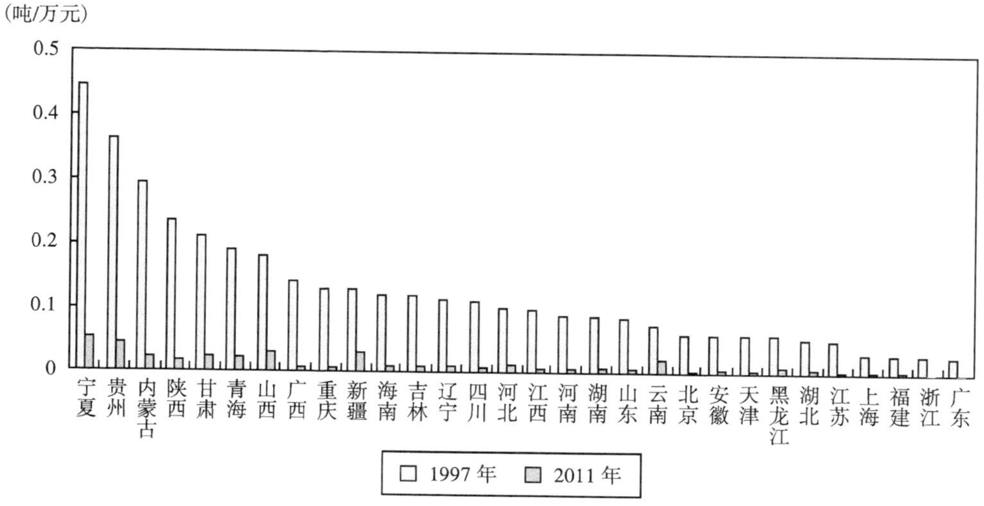

图 4-8　1997 年和 2011 年各省工业废气排放强度

增长了 118.87%，云南的排放强度也达到了 4.39 吨/万元，增长了 34.76%。而且从图 4-9 可以直观看出，2011 年各省市的排放强度差异比 1997 年更加明显。

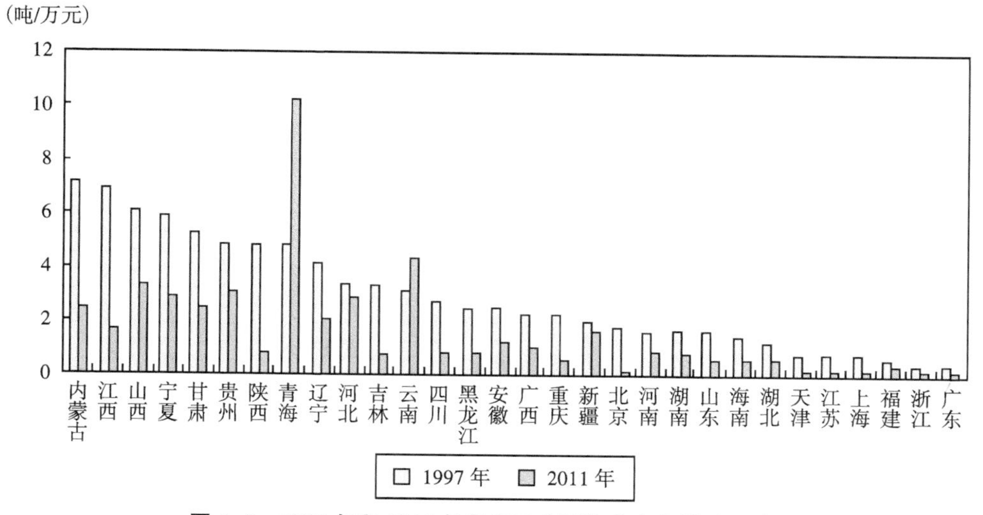

图 4-9　1997 年和 2011 年各省工业固体废弃物排放强度

第三节　东中西部地区环境污染排放

一、工业污染排放总量

表 4-2 汇集了东中西部三大区域 1997~2011 年的工业污染物排放数据，从中不难看出，东中西部地区工业固体废弃物的排放基本保持了逐年增长的趋势，而工业废气和工业废水的排放都经历了波浪形的变化，这与分省的工业污染排放变化情况是相一致的。

在 15 年的时间里，从排放的绝对量看，无论是工业废水、工业废气还是工业固体废弃物，东部地区都排放得最多，中部次之，西部最少。具体来讲，对于工业废水，东部 2011 年的排放量较 1997 年增长了 25%，中西部则基本没有太大变化。从工业废气上看，各区域的排放变化都不是十分明显。而对于工业固体废弃物，与期初相比，东部在期末增长了 3.76 倍，中部增长了 3.62 倍，西部则增长最多，达到了 5.07 倍。

表 4-2　1997~2011 年东中西部工业污染物排放情况

单位：亿吨

年份	工业废水			工业废气			工业固体废弃物		
	东部	中部	西部	东部	中部	西部	东部	中部	西部
1997	93.90	63.75	30.44	0.12	0.08	0.06	2.79	2.53	1.26
1998	94.95	62.44	31.29	0.18	0.14	0.09	3.19	3.04	1.77
1999	92.23	60.13	33.91	0.16	0.12	0.08	3.25	2.82	1.77
2000	91.05	57.78	34.27	0.15	0.11	0.08	3.35	3.08	1.73
2001	102.22	55.68	33.06	0.14	0.11	0.07	4.12	3.10	1.66
2002	106.24	57.17	33.00	0.13	0.11	0.07	4.09	3.50	1.86
2003	108.27	58.47	33.86	0.15	0.13	0.08	4.19	3.78	2.07
2004	114.92	58.99	34.26	0.15	0.14	0.08	5.38	4.20	2.42

续表

年份	工业废水			工业废气			工业固体废弃物		
	东部	中部	西部	东部	中部	西部	东部	中部	西部
2005	132.79	59.92	36.40	0.16	0.16	0.09	5.86	4.87	2.72
2006	129.19	61.16	35.33	0.15	0.15	0.09	6.46	5.51	3.18
2007	133.95	61.46	34.49	0.14	0.14	0.08	7.41	6.39	3.76
2008	130.05	60.24	33.57	0.13	0.12	0.07	8.09	6.96	3.96
2009	121.44	60.88	33.71	0.12	0.11	0.07	8.73	7.49	4.18
2010	121.37	65.11	30.09	0.11	0.11	0.07	10.33	8.72	5.05
2011	117.44	64.72	29.95	0.12	0.11	0.08	13.29	11.67	7.64

从图 4-10 所示的相对量变化上看，每年东中西部工业废水排放量占排放总量的比例虽然有一些波动，但所占份额并没有发生变化，基本维持了相对稳定的状态。例如东部地区基本占所有排放量的 50%，中部占 32%，西部则为 18%。

此外，图 4-11 和图 4-12 分别展示了每年东中西部工业废气以及工业固体废弃物的排放比例变化。与图 4-10 类似的是，各区域的排放份额虽有小幅波动，但基本都没有太大变化。这说明，经过 15 年的时间，东中西地区间的区域排放差异始终没有缩小，依然保持着较高的差距。

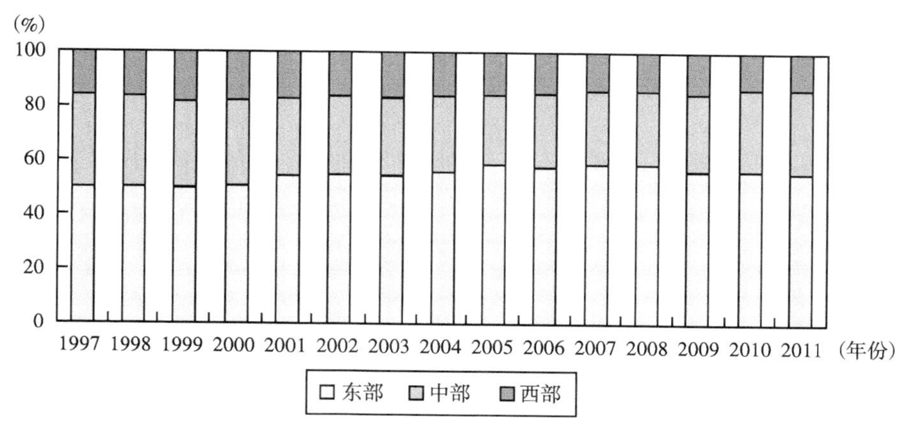

图 4-10　1997~2011 年各年东中西部工业废水的排放比例

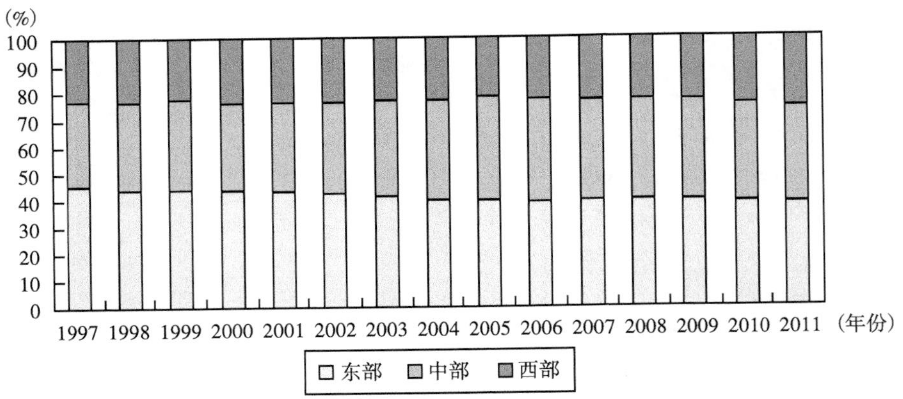

图 4-11　1997~2011 年各年东中西部工业废气的排放比例

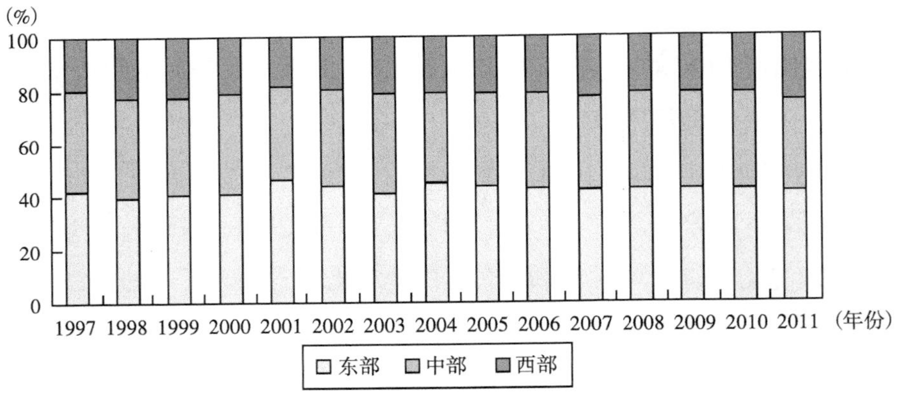

图 4-12　1997~2011 年各年东中西部工业固体废弃物的排放比例

二、工业污染排放强度

与工业废水排放总体状况不同的是，在 15 年的时间里，三大区域的废水排放强度都有不同程度的下降，并且东中西地区的排位顺序发生了巨大变化。西部的排放强度在 1997~2009 年为最高，中部从 2010 年开始反超西部，而东部的排放强度始终最低。

如图 4-13 所示，从工业废水排放强度的绝对和相对差异上看，东中西部地区的差距都随着时间推移在逐渐减小。从表 4-2 中可以看出，东中西部工业废水的排放差异没有和排放强度一样表现出同样的缩小趋势，反而有扩大的端倪。这表明在15年间，东部地区工业产能最大、增长速度最快，西部地区工业产能最低增长、速度最慢。

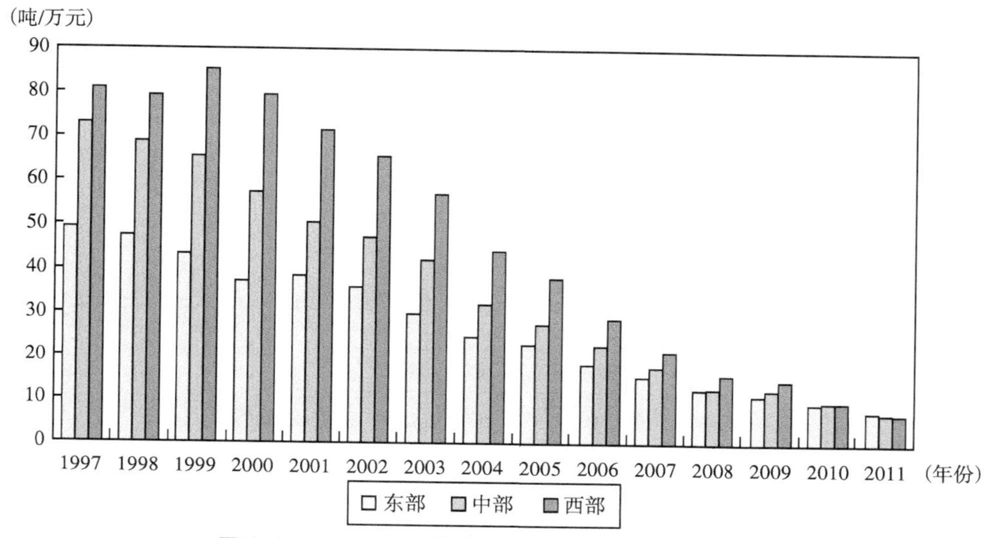

图 4-13　1997~2011 年东中西部工业废水的排放强度

与工业废气排放量表现出的相对平稳状况不同，东中西部工业废气的排放强度仅在 1998 年有所升高后，便处于持续下降的状态。西部依然是排放强度最高的地区，也就是说在生产同样单位产值工业产品的情况下，西部需要排放的工业废气最多。从绝对量上看，东中西部差异最大的时间为 1998 年，此时东部为 0.089 吨/万元，中部为 0.14 吨/万元，而西部则高达 0.23 吨/万元，这也是 15 年中各地区排放强度最高的年份。此后，各地区的工业废水排放的绝对差异有所减小。

从图 4-15 来看，三大区域的工业固体废弃物排放强度在 1998 年有所增加，之后基本随时间推移逐渐降低，这点与工业废气排放强度的变化趋势类似。

三、结论

对中国环境污染排放状况进行分析后发现，从工业污染物的排放

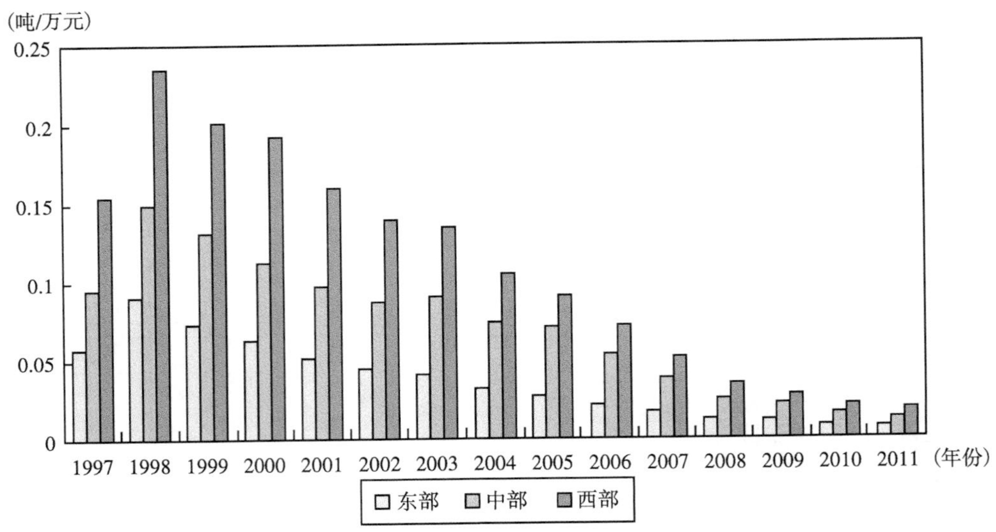

图 4–14　1997~2011 年东中西部工业废气的排放强度

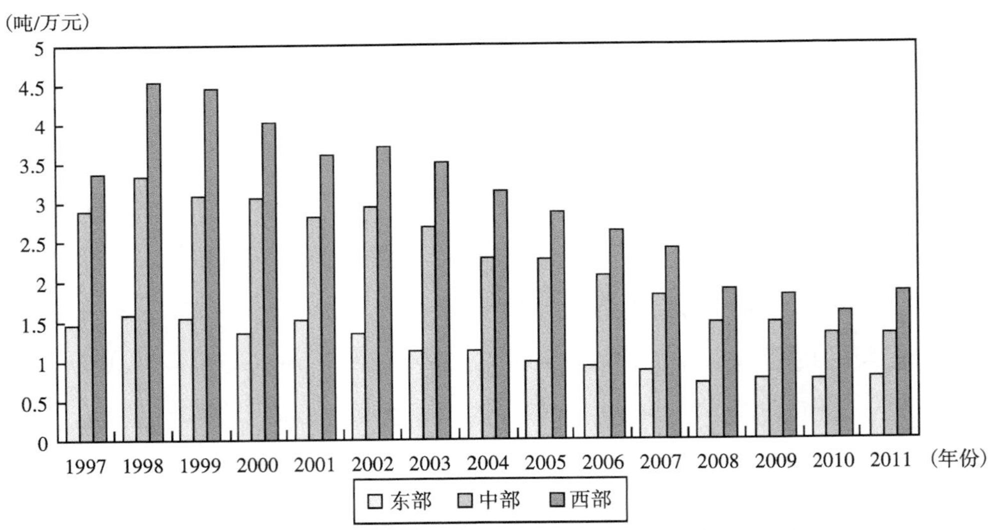

图 4–15　1997~2011 年东中西部工业固体废弃物的排放强度

总量上看，各省市或三大区域的工业固体废弃物排放都表现出逐年增加的趋势，全国工业废水和工业废气的排放总量呈现出波浪形增加的状况，但从分省或分区域角度看，并没有出现统一上升的情况，而是有升有降。从单位工业产值的污染物排放量即工业污染物排放强度看，无论是全国、分省还是分区域，工业污染物的排放强度基本表现出了下降的状态（除了青海和云南两省的工业固体废弃物排放强度有惊人的增加），只是下降的幅度大小不同。从数据的直观表现上看，无论是工业污染物的排放总量还是排放强度，地区间的差异都非常明显。但是，仅凭借绝对数据指标进行研究是远远不够的，地区间工业污染排放差异不能只通过简单的绝对数值或者增长率的比较而定，还需要从整体上把握地区间的工业污染差异才能做出客观总体的评价。

第五章　中国地区环境不平等的度量

目前大量研究都是利用收入不平等工具分析中国碳排放差异，对中国地区间工业污染排放进行系统性测度的文献尚在少数，有必要运用收入不平等度量工具对地区工业污染排放差异进行研究。本章从工业污染排放的洛伦兹曲线进行地区环境不平等的分析。需要特别说明的是，工业废水、工业废气以及工业固体废弃物这三类污染物的排放特征并不相同。比较而言，工业固体废弃物的性质相对稳定，一般不会对初始排放地之外的地区产生环境污染影响。而工业废水和工业废气则不仅具有较强的流动性，并且可能造成二次污染，因此更具备公共品的性质。除此之外，其排放不仅会对初始排放地区产生环境污染，还会随地形和大气状况对邻近地区、跨省域甚至跨国界地区造成长距离的污染传输（Bennett，2000；Kaldellis 等，2007；张志刚等，2004），从而影响其他地区的生态环境。因此，对于地区环境不平等的研究，较为理想的状况是对工业废水和工业废气这两类工业污染物从初始排放地到其跨界污染地域能够进行清晰的数据追踪，这样才能保证明确其来龙去脉，进而详尽地归属和污染影响分析。目前，国内涉及污染跨界的文献通常只针对某一特定地域作小范围的研究，如京津冀地区、长江三角洲地区或珠江三角洲地区（张志刚等，2004；王淑兰等，2005；程真等，2011））。然而，就当前的资料情况和数据获取现状而言，还难以达到所需的数据追溯要求。不仅因为本书的研究区域更大、涉及省市更多，同时因为中国复杂的水系流域和多变的大气情况，这要求全面精细的监测网络系统和广泛详尽的实地调研，还意味着庞大的资金以及人力支持，这是难以解决的问题。因此，对于地区环境不平等的分析并未论及工业污染跨界带来的地区环境不平等，而是针对工业污染初始产生地进行地区环境不平等的研究分析，这也是本书存在局限性的地方。

第一节 工业污染排放的洛伦兹曲线

要绘制洛伦兹曲线，首先需要根据个体收入水平按照由低到高的顺序对观测数据进行排序，在此基础上进一步结合人口累积占比和收入累积占比测度收入不平等。为便于绘制工业污染排放的洛伦兹曲线，并运用其他指标工具对地区环境不平等进行度量，在接下来的分析中，本书将用工业污染排放量对应收入水平，各省市对应收入个体或家庭。

对于最为关键的排序依据，在以往对温室气体 CO_2 的研究文献中，通常用人均排放量或者单位 GDP 的排放量作为排序标准，而本书则使用单位工业产值的污染物排放量，即前文所述的工业排放强度作为排序标准。这样处理的好处是：第一，能为分析不同地区间工业污染排放状况提供一个直观的、富有经济意义的指标；第二，由于本书研究的对象是工业污染物的排放，而不是第一产业、建筑业以及第三产业的污染排放，使用单位 GDP 污染物排放作为排序标准会人为影响地区污染排放的相对排序状况（比如按从低到高的排放次序，某个地区的实际排序应为 15，而使用单位 GDP 污染排放指标后其相对排序变为 9，当然还可能出现次序变后的情况）。类似地，使用人均工业污染物排放排序时，由于各省市人口有大有小，也会造成排序的相对顺序变化。使用单位工业产值污染排放量则能较客观地反映工业生产造成的污染排放状况，得到较为准确的结果，避免由于排序不当对地区工业污染排放不平等测度造成的影响，因此是更加合适的选择。

为了便于后文分析，现将对工业污染物排放的各变量逐一作详细说明：

EP_i 为省份 i 的某一种工业污染物排放量，G_i 为地区工业生产总值，$W_i = EP_i / G_i$ 为单位工业产值的工业污染排放量，$g_i = G_i / G_c$ 表示省份 i 的工业产值占比，G_c 为全国的工业生产总值，$ep_i = EP_i / EP_c$ 表示省份 i 的工业污染排放占比，EP_c 为全国的某一工业污染物的总排放量。

那么，对于工业污染物排放的累积密度函数 $F(W_i)$ 则有：

$$F(W_i) = \sum_{j=1}^{i} g_j \tag{5-1}$$

进而其累积分布函数 $S(W_i)$ 则为：

$$S(W_i) = \frac{G_C}{EP_C} \sum_{j=1}^{i} g_j W_j \tag{5-2}$$

在式（5-2）中，工业产值占比为每个省份的权重，根据之前对工业产值排放强度的定义，可以进一步对式（5-2）变形，得到式（5-3），即：

$$S(W_i) = \frac{G_C}{EP_C} \sum_{j=1}^{i} g_j W_j = \frac{G_C}{EP_C} \sum_{j=1}^{i} \frac{G_j}{G_c} \times \frac{EP_j}{G_j} = \sum_{j=1}^{i} ep_j \tag{5-3}$$

也就是说，对于工业污染排放的累积分布函数 $S(W_i)$ 来说，其分布函数值可以转化为 j 个省市工业污染排放占比的累积总和。

对工业污染物排放累积分布函数的数学推导有了基本认识后，接下来将前文中的分析数据作为数据基础进行洛伦兹曲线的绘制。由于本书样本的观测时间为 1997~2011 年，时间跨度较长，因此选取基期 1997 年、2004 年和末期 2011 年作为代表性年份，以工业产值累积占比为横轴（以 1997 年价计算，后同），工业污染排放量累积占比为纵轴绘制中国各省市的工业污染排放洛伦兹曲线①，分别如图 5-1、图 5-2 和图 5-3 所示。

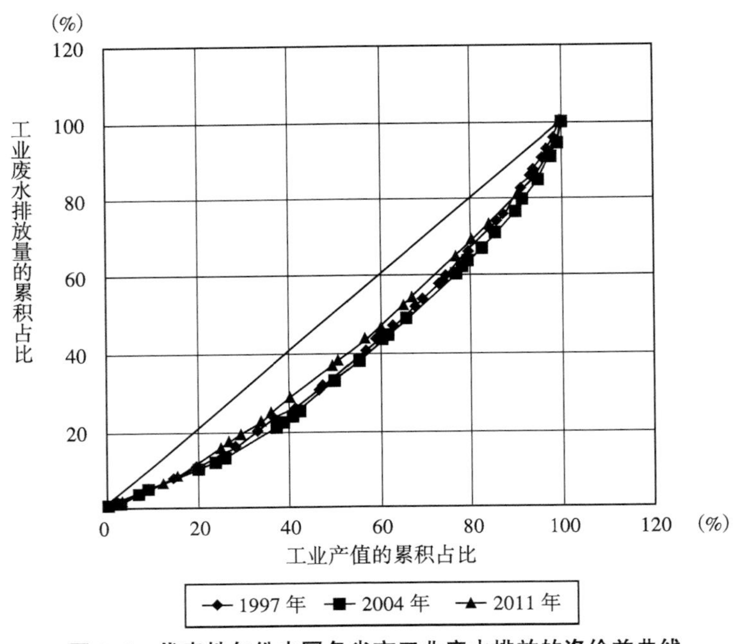

图 5-1 代表性年份中国各省市工业废水排放的洛伦兹曲线

将单位工业产值的工业废水排放量类比收入分配中的人均收入，可得到如图 5-1 所示的代表性年份中国各省市工业废水排放的洛伦兹曲线。从图 5-1 可以明显看出，1997 年、2004 年和 2011 年的工业废水排放洛伦兹曲线非常接近，在多处几近重合，这表明所选取代表性年份的工业废水排放不平等程度是比较近似的。

同样，将单位工业产值的废气排放量以及单位工业产值的固体废弃物排放量类比人均收入，可以分别得到图 5-2 和图 5-3 所示的中国各省市代表性年份的工业废气和工业固体废弃物排放的洛伦兹曲线。

---

① 同样，也可以得到东部、中部和西部各个区域的工业污染排放洛伦兹曲线，由于绘制过程相似，文中并未对相关图形进行一一绘制。

显而易见的是，图 5-2 和图 5-3 中代表性年份的洛伦兹曲线的弯曲程度比图 5-1 更明显，并且在同一幅图中，洛伦兹曲线间的距离似乎也

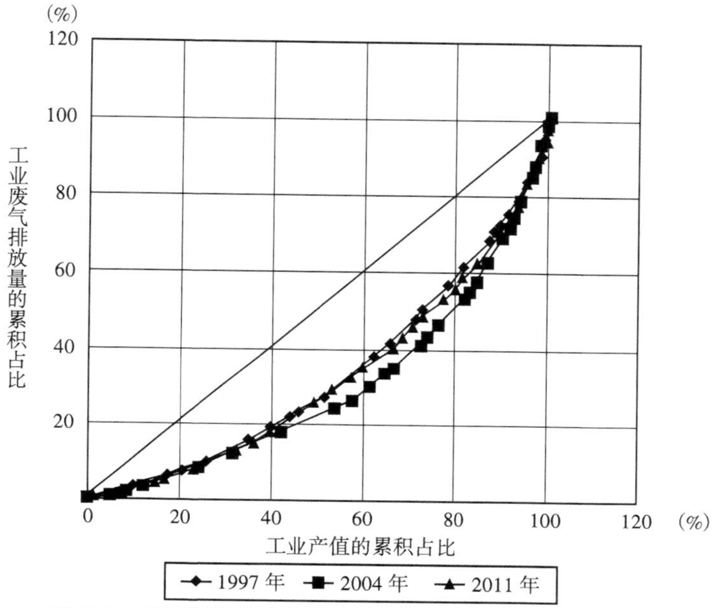

图 5-2　代表性年份中国各省市工业废气排放的洛伦兹曲线

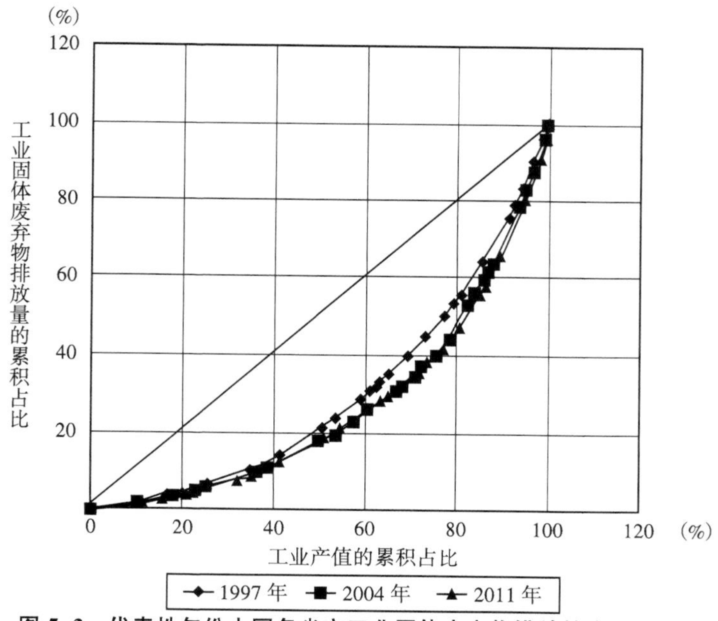

图 5-3　代表性年份中国各省市工业固体废弃物排放的洛伦兹曲线

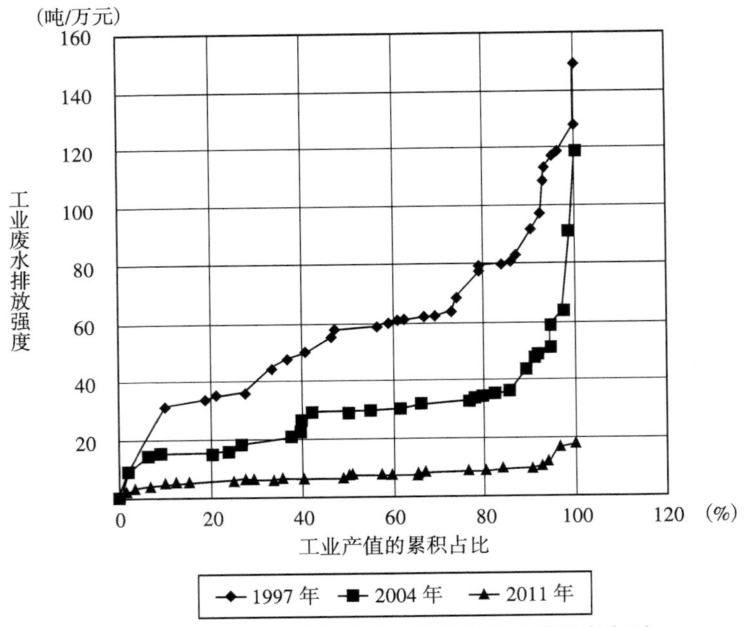

图 5-4　代表性年份各省市工业废水的排放强度序列

更清晰一些。但对于同一种工业污染物，由于代表性年份的洛伦兹曲线存在多处重合与交叉，仍然无法比较洛伦兹曲线所代表的不平等程度的高低。

为了更加直观地了解不同工业污染物下各省市的排放强度和分布情况，需要根据 Pen（1971）的高矮序列对各省市的工业污染排放进行排序。此时将纵轴中工业污染排放的累积占比改为单位工业产值污染排放量表示的水平值，横轴与图 5-1 中保持一致，则可得到如图 5-4~图 5-6 所示的序列图。

如图 5-4 所示，可以清楚地看出各省市工业废水排放强度的相对次序和分散程度。位于最右边的点代表同年度中排放强度最高的省份，1997 年、2004 年以及 2011 年最右边的点分别对应的是海南、广西和福建，其中 1997 年海南的排放强度最高，达到了 149.17 吨/万元之巨。从各年份排放强度的曲线走向上看，1997 年居左，2004 年居中，而 2011 年居右，基本上印证了前文对中国整体工业废水排放强度逐年走低的结论。从各省市排放强度分布的离散程度上讲，2011 年各省市的分散程度最低，排放强度的绝对差异也应该是最小的。而 1997 年和

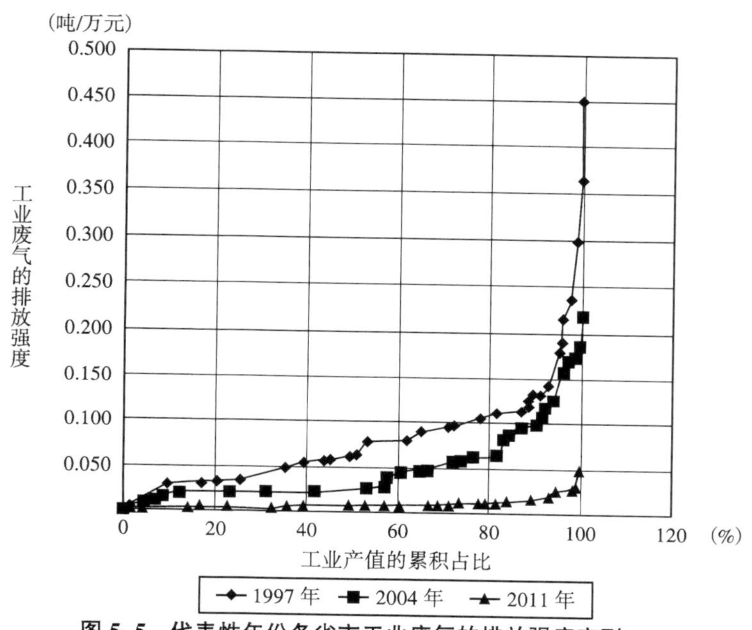

图 5-5　代表性年份各省市工业废气的排放强度序列

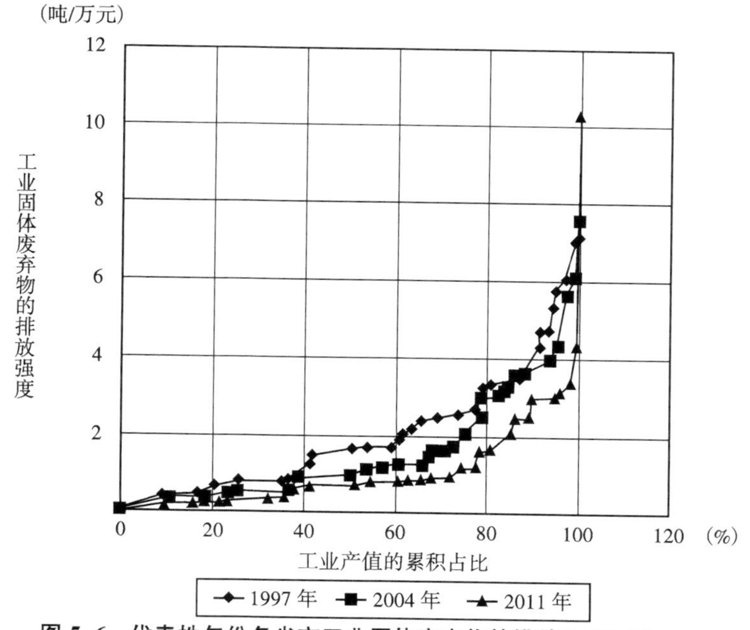

图 5-6　代表性年份各省市工业固体废弃物的排放强度序列

2004 年相比，虽然排放强度更高，但从各省市的离散程度来看很难比较出哪一年工业废水排放的不平等程度更大。

类似地，从图 5-5 不难发现，代表性年份各省市工业废气排放强度的曲线走向同样为 1997 年居左，2004 年居中，2011 年居右。从分散程度上看，1997 年各省市间绝对距离较大，但与 2004 年和 2011 年相比较，各省市分散程度的高低则无法依据图形明确判断。

对代表性年份各省市工业固体废弃物排放序列进行分析可发现（见图 5-6），图形走向依然是 1997 年居左，2004 年居中，2011 年居右，基本上可以确定各省市的平均排放强度从高到低依次为 1997 年、2004 年和 2011 年。与工业废水和废气排放强度序列所不同的是，2011 年工业固体废弃物排放强度序列最右边的点所对应排放强度超过了 1997 年和 2004 年的最高排放强度，这造成了在图形表现上，2011 年各省市的分散程度在 3 个年份中最高，排放强度差距也应该最大。但是从图 5-6 中依旧很难看出 1997 年和 2004 年各省市离散程度的高低，因此这需要进一步利用具体的指标工具进行工业污染物排放的不平等度量。

第二节　地区环境不平等测度的数学公式

在收入不平等度量中，常用的且符合 5 个公理性原则的指标工具为基尼系数、广义熵指数和阿特金森指数。根据第二章中的相关论述，广义熵指数和阿特金森指数之间存在可以转换的单调对应关系（Shorrocks 和 Slottje，2002），因此这里将采用基尼系数和广义熵指数两类指标工具进行环境不平等的测度。

对于基尼系数的计算，除了可以通过对洛伦兹曲线进行拟合积分得到结果外，还可以通过测度公式进行计算。由于本书的工业污染排放数据是不等分组的观测数据，学者 Thomas、Wang 和 Fan 在 2000 年提出了针对基尼系数的非等分组数据公式：

$$I_{Gini} = \frac{1}{\bar{y}} \sum_{i=2}^{n} \sum_{j=1}^{i-1} P_i |y_i - y_j| P_j \tag{5-4}$$

在式（5-4）中，P_i 为样本中第 i 组人口占总人口的比重。

此外，还可以依据基尼系数是洛伦兹曲线中不平等面积 A 占完全不平等面积 A + B 的比值，推导出另一个计算基尼系数的数学公式，即：

$$I_{Gini} = 1 - \frac{1}{PY} \sum_{i=1}^{n} (Y_{i-1} + Y_i) \times P_i \tag{5-5}$$

式中，Y 为样本总体收入，P 为总人口，Y_i 代表第 i 组的累积收入。式（5-5）则避开了非等分组和等分组的难题，只要知道每组的收入和人数，就可直接计算出基尼系数。将工业污染排放类比收入，工业生产总值类比人口即可得到工业污染排放的基尼系数计算公式：

$$I_{Gini} = 1 - \frac{1}{G_c EP_c} \sum_{i=1}^{n} (EP'_{i-1} + EP'_i) \times G_i \tag{5-6}$$

式中，EP'_i 表示累积到第 i 组的工业污染排放量，其他变量含义与前文完全相同。

对于广义熵指数，当 α 取值为 0 时，泰尔指数 T_0 为平均对数离差 (Mean Logarithmic Deviation)，有：

$$GE(0) = \frac{1}{n} \sum_{i=1}^{n} \log \frac{\bar{y}}{y_i} \tag{5-7}$$

则对于工业污染排放的泰尔指数 T_0 有：

$$T_0 = \sum_{i=1}^{n} \frac{G_i}{G_c} \log \frac{EP_c/G_c}{EP_i/G_i} = \sum_{i=1}^{n} \frac{G_i}{G_c} \log \frac{G_i/G_c}{EP_i/EP_c} \tag{5-8}$$

当 α 取 1 时，就得到了泰尔指数 T_1：

$$GE(1) = \frac{1}{n}\sum_{i=1}^{n}\frac{y_i}{\bar{y}}\log\frac{y_i}{\bar{y}} \tag{5-9}$$

类似地，工业污染排放的泰尔指数 T_1 则为：

$$T_1 = \sum_{i=1}^{n}\frac{G_i}{G_c}\times\frac{EP_i/G_i}{EP_c/G_c}\log\frac{EP_i/G_i}{EP_c/G_c} = \sum_{i=1}^{n}\frac{G_i}{G_c}\times\frac{EP_i/EP_c}{G_i/G_c}\log\frac{EP_i/EP_c}{G_i/G_c} \tag{5-10}$$

在式（5–6）、式（5–8）与式（5–10）中，各变量的含义前文的变量说明相一致。由此，通过前文对各指标工具的数学推导，便得到了测度工业污染排放的基尼系数和泰尔指数 T_0 和 T_1。

第三节　省际环境不平等测度

根据前文中推导的式（5–6）、式（5–8）与式（5–10）进行计算，可得到如表 5–1、表 5–2 和表 5–3 所示的 1997~2011 年中国省市间的工业污染排放的基尼系数和泰尔指数 T_0 和 T_1 的计算结果。基尼系数以及两个泰尔熵指数的大小表示观测期内各省市工业污染排放差异程度的高低，通过这 3 个指标的时间序列可以清晰地看到不同年份排放差异的动态变化过程，以工业产值为权重的测度指标反映了工业污染排放与工业化进程的匹配程度。

对表 5–1 进行分析可以发现，每一年各省市工业废水排放的基尼系数变动幅度基本小于泰尔指数的变动幅度，由于泰尔指数的平均对数离差 T_0 对低排放强度省市的变化敏感，而 T_1 则对高排放强度省市的变化更敏感，说明在整个观测期内，工业废水排放强度水平居中的省市变动较小，而工业废水排放强度水平较低和较高的省市相对排位却有非常大的变化。

从变化趋势来看，各省市工业废水排放的基尼系数与泰尔熵指数在1997~2011年的变动状况基本一致，表现出较为明显的阶段性特征。具体而言，分省工业废水排放差异变化呈现出由低到高、再由高到低的倒U型过程，即在样本期间内各省市间工业废水排放的不平等程度随着时间表现为先增加后减少的状态。其中，2005年基尼系数和广义熵指数的数值最高，说明这一年各省市工业废水排放的差距最大。而2005年以后，3个指标的数值除了在2008年有小幅回升外基本处于下降状态，并且在2011年达到最低点，此时各省市间的工业废水排放差异最小。但即便如此，1997~2011年，各省市工业废水排放始终都维持着较高的不平等状况。

表5-1　1997~2011年中国省市间工业废水排放的不平等测度

年份	工业废水			增长率（同上年相比）(%)		
	基尼系数	T_0	T_1	基尼系数	T_0	T_1
1997	0.224	0.080	0.081	—	—	—
1998	0.198	0.063	0.067	-11.86	-21.17	-17.34
1999	0.226	0.085	0.095	14.42	35.71	41.90
2000	0.233	0.089	0.098	2.86	4.13	3.49
2001	0.240	0.094	0.101	2.92	6.34	3.14
2002	0.234	0.092	0.099	-2.17	-2.84	-1.63
2003	0.258	0.114	0.127	10.17	24.35	27.80
2004	0.260	0.116	0.125	0.85	1.36	-1.27
2005	0.267	0.124	0.133	2.40	7.40	6.46
2006	0.248	0.109	0.113	-7.09	-11.92	-15.01
2007	0.247	0.112	0.124	-0.42	2.23	9.07
2008	0.253	0.116	0.134	2.68	3.70	8.58
2009	0.229	0.095	0.103	-9.47	-17.88	-23.21
2010	0.205	0.080	0.086	-10.79	-15.80	-16.75
2011	0.190	0.065	0.067	-7.32	-18.68	-22.38

1997~2011年各省市工业废气的排放不平等状况与工业废水类似，也表现出先升高后降低的倒U型总体趋势。如表5-2所示，1997~2004年这一阶段，各省市工业废气排放的基尼系数和泰尔熵指数呈现逐渐递增的状态。2000年3个指标的增幅最大，基尼系数增长了10.03%，

泰尔对数离差均值 T_0 增加了 18.80%，而 T_1 则最多，达到了 18.89%。2004~2011 年，是各省市工业废气排放不平等逐渐降低的阶段。其中降幅最大的一年为 2008 年，基尼系数减少了 6.5%，T_0 和 T_1 则分别减少了 13.54%和 13.70%。同样，在整个观测时期内，基尼系数的变动幅度基本最小，说明相对于工业废气排放强度水平居中的省市，高排放强度和低排放强度省市发生了较大的变化。从统计特征上看，工业废气排放的基尼系数始终保持在 0.335 以上，说明相较于工业废水排放，各省市工业废气排放的不平等程度更加明显。

表 5-2 1997~2011 年中国省市间工业废气排放的不平等测度

年份	工业废气			增长率（同上年相比）(%)		
	基尼系数	T_0	T_1	基尼系数	T_0	T_1
1997	0.335	0.185	0.195	—	—	—
1998	0.347	0.195	0.214	3.57	5.62	9.50
1999	0.347	0.200	0.214	0.00	2.33	0.33
2000	0.382	0.237	0.255	10.03	18.80	18.89
2001	0.387	0.245	0.257	1.37	3.15	0.82
2002	0.390	0.248	0.261	0.70	1.34	1.55
2003	0.404	0.270	0.282	3.63	8.76	8.15
2004	0.405	0.271	0.280	0.25	0.26	−0.92
2005	0.404	0.278	0.271	−0.14	2.87	−2.98
2006	0.396	0.268	0.262	−2.11	−3.79	−3.54
2007	0.377	0.242	0.236	−4.71	−9.65	−9.82
2008	0.353	0.209	0.204	−6.50	−13.54	−13.70
2009	0.351	0.205	0.203	−0.45	−2.05	−0.21
2010	0.335	0.186	0.191	−4.43	−8.98	−6.27
2011	0.350	0.203	0.210	4.39	8.99	10.20

进一步对工业固体废弃物排放差异进行分析可以发现，在表 5-3 中，1997~2011 年，无论是基尼系数还是泰尔熵指数都维持着相当高的数值。其中，平均对数离差 T_0 均值为 0.343，泰尔第一指数 T_1 均值为 0.321，基尼系数均值竟达到了 0.439，说明各省市工业固体废弃物的排放强度差异非常大，并且在 3 种不同工业污染物中，各省市工业固体废弃物排放的不平等程度也是最高的。类似地，在整个观测期内，

只有 2005 年的基尼系数变动幅度超过了对数离差均值 T_0，说明这一年工业固体废弃物排放强度为中高水平的省份变动较大，排放强度水平低的省市相对而言变化较小。而在其他年份，基尼系数的增幅或降幅都无一例外地小于广义熵指数，表明这期间工业固体废弃物排放强度水平较低和较高的省市变动大于排放强度水平居中的省市。此外，与工业废水和废气排放不同的是，各省市工业固体废弃物排放不平等的变化趋势并不是典型的倒 U 型，而是类似于 N 型。并且在 2011 年，其不平等的程度最高，这与通过序列判断不平等程度得到的结论是一致的。

表 5-3　1997~2011 年中国省市间工业固体废弃物排放的不平等测度

年份	工业固体废弃物			增长率（同上年相比）(%)		
	基尼系数	T_0	T_1	基尼系数	T_0	T_1
1997	0.412	0.305	0.275	—	—	—
1998	0.443	0.345	0.329	7.64	13.13	19.72
1999	0.435	0.334	0.315	-1.86	-3.23	-4.48
2000	0.446	0.356	0.343	2.61	6.75	8.98
2001	0.423	0.320	0.297	-5.27	-10.09	-13.33
2002	0.438	0.339	0.325	3.67	5.83	9.29
2003	0.457	0.367	0.354	4.38	8.13	8.87
2004	0.467	0.381	0.362	2.04	4.00	2.30
2005	0.459	0.378	0.345	-1.57	-0.74	-4.52
2006	0.441	0.353	0.319	-3.91	-6.61	-7.63
2007	0.435	0.343	0.307	-1.41	-3.03	-3.62
2008	0.414	0.302	0.277	-4.75	-11.79	-9.78
2009	0.417	0.307	0.283	0.54	1.58	1.92
2010	0.423	0.313	0.292	1.50	1.80	3.38
2011	0.474	0.399	0.390	12.01	27.72	33.40

第四节　三大区域的环境不平等测度

为了更加深入地了解和反映东部、中部和西部三大区域工业污染排放差异对全国总体工业污染排放差异的影响，需要进一步地从三大地区区域间和区域内分析工业污染排放的差异。基尼系数的分解条件非常严苛，而泰尔熵指数则可以方便地将总体差异分解为组间和组内差异之和，并且 T_0 比 T_1 更厌恶不平等。因此本节将利用泰尔 L 指数，即平均对数离差 T_0 进行三大区域工业污染排放不平等的测度和分解。

根据 Shorrocks 和 Wan（2005），有：

$$T_{total} = T_{within} + T_{between} \tag{5-11}$$

其中，

$$T_{within} = \sum_{r=1}^{N} \frac{G_r}{G_c} \times \sum_{i=1}^{n} \frac{G_{i(r)}}{G_r} \log \frac{G_{i(r)}/G_r}{EP_{i(r)}/EP_r} \tag{5-12}$$

$$T_{between} = \sum_{r=1}^{N} \frac{G_r}{G_c} \log \frac{G_r/G_c}{EP_r/EP_c} \tag{5-13}$$

在式（5-12）、式（5-13）中，N 表示地区（分组）的个数，n 为某一地区所包含省份的个数，G_r 表示地区 r 的工业产值，EP_r 表示地区工业污染排放量；$G_{i(r)}$ 为地区 r 内部第 i 个省份的工业产值，$EP_{i(r)}$ 为地区 r 内部第 i 个省份的工业污染排放量，其他变量含义则与前文相同。

根据式（5-11）~式（5-13），可以分别计算出 1997~2011 年三大区域不同工业污染物排放的不平等测度及分解结果，详见表 5-4~表 5-6、图 5-7~图 5-9。

表 5-4 的分解结果表明，1997~2011 年的整个观测时期内，东部工业废水排放的平均对数离差均值在三大区域中最高，为 0.100，西部

的平均对数离差均值为 0.071，位居其次，中部的平均对数离差均值最低，为 0.054。说明三大区域中，中部地区内各省、市间工业废水排放的差异最小，而相较于中西部，东部各省市间工业废水排放的差异最为显著。结合各地区工业产值和工业废水排放数据可以发现，在 15 年

表 5-4　东中西部工业废水排放的 T_0 指数及分解

工业废水						
年份	东部	中部	西部	区域间差异	区域内差异	总差异
1997	0.067	0.046	0.028	0.023	0.057	0.080
1998	0.059	0.043	0.021	0.013	0.050	0.063
1999	0.068	0.044	0.083	0.022	0.063	0.085
2000	0.066	0.040	0.091	0.027	0.062	0.089
2001	0.092	0.042	0.089	0.015	0.079	0.094
2002	0.088	0.049	0.085	0.014	0.077	0.092
2003	0.108	0.072	0.086	0.018	0.096	0.114
2004	0.111	0.086	0.086	0.013	0.102	0.116
2005	0.128	0.080	0.116	0.009	0.115	0.124
2006	0.119	0.052	0.119	0.007	0.102	0.109
2007	0.129	0.071	0.081	0.003	0.109	0.112
2008	0.145	0.062	0.072	0.002	0.114	0.116
2009	0.122	0.056	0.036	0.002	0.094	0.095
2010	0.116	0.030	0.026	0.000	0.080	0.080
2011	0.085	0.034	0.041	0.001	0.064	0.065

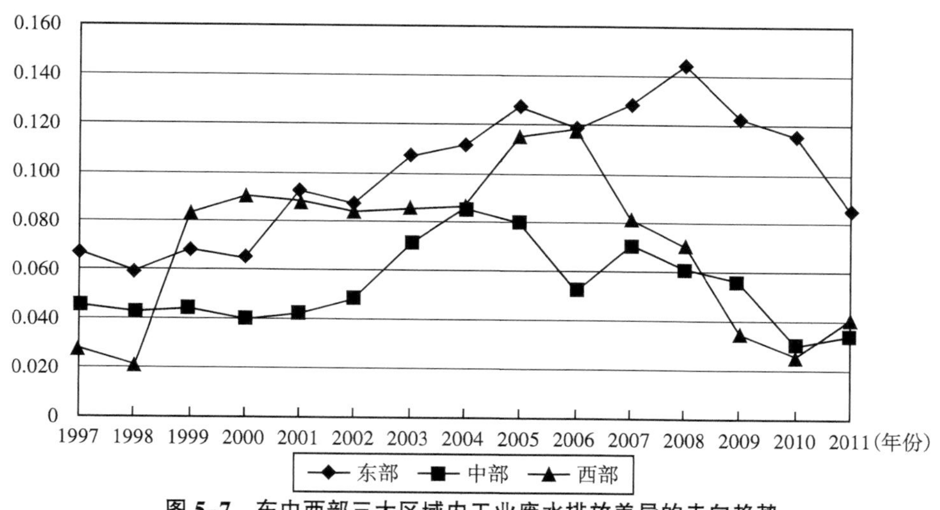

图 5-7　东中西部三大区域内工业废水排放差异的走向趋势

内，东部地区以平均 61%的工业产值排放出 57%的工业废水，说明东部工业废水排放差异虽然最大，但能源利用效率最高；与此同时，中部地区以平均 27%的工业产值排放出 28%的工业废水，西部地区以平均 12%的工业产值排放 28%的工业废水，表明虽然中西部各省市排放差异比东部小，但能源利用效率却不是很高。从总差异的分解看，区域内差异始终大于区域间差异，并且区域内差异呈现出倒 U 型变化趋势，而区域间差异则呈现出下降趋势。

结合图 5-7 不难发现，从不同阶段来看，1997~2006 年，东部地区的平均对数离差呈现持续上升趋势，T_0 均值为 0.090，西部也呈现上升趋势且与东部差异逐渐缩小，均值为 0.080，中部则经历了先上升后下降的过程，其平均对数离差均值为 0.055。这一时期，各区域内省市工业废水排放不平等程度为东部最高，西部其次，中部最低。2007~2011 年，东部 T_0 均值为 0.119，中西部则均为 0.051。说明这一阶段，东部的工业废水排放不平等程度仍然最高，中西部差异在逐渐缩小，与东部的差异逐渐扩大，并且西部的下降幅度最快也最大。总体上讲，东部与中部地区内工业废水的排放差异变动趋势基本一致，而西部地区内各省市排放差异的变动程度却非常剧烈。

表 5-5 1997~2011 年东中西部工业废气排放的 T_0 指数及分解

工业废气						
年份	东部	中部	西部	区域间差异	区域内差异	总差异
1997	0.135	0.112	0.119	0.058	0.127	0.185
1998	0.123	0.155	0.114	0.064	0.131	0.195
1999	0.125	0.134	0.123	0.073	0.127	0.200
2000	0.166	0.141	0.103	0.085	0.153	0.237
2001	0.169	0.142	0.081	0.092	0.152	0.245
2002	0.166	0.140	0.088	0.097	0.151	0.248
2003	0.170	0.160	0.065	0.114	0.156	0.270
2004	0.162	0.140	0.045	0.126	0.145	0.271
2005	0.185	0.081	0.040	0.134	0.145	0.278
2006	0.175	0.065	0.060	0.132	0.136	0.268

续表

工业废气						
年份	东部	中部	西部	区域间差异	区域内差异	总差异
2007	0.163	0.053	0.070	0.117	0.125	0.242
2008	0.147	0.049	0.066	0.098	0.111	0.209
2009	0.152	0.051	0.081	0.089	0.116	0.205
2010	0.127	0.065	0.089	0.082	0.105	0.186
2011	0.143	0.079	0.155	0.077	0.126	0.203

对于三大区域工业废气的排放差异状况，可以从表 5-5 的分解结果看出，在 15 年内，东部工业废气排放的平均对数离差均值 T_0 为 0.154，中部的平均对数离差均值为 0.105，西部为 0.087。显然，与西部相比，东中部地区内各省市的工业废气排放差异更加明显。并且，三大区域工业废气排放的不平等程度均比工业废水更高。结合各地区工业产值和工业废气排放数据可以发现，1997~2011 年，东部地区平均以 61%的工业产值排放出 41%的工业废气，中部地区则平均以 27%的工业产值排放出 36%的工业废气，西部地区以平均 12%的工业产值排放 23%的工业废气，显而易见，东部比中西部的能源利用效率更高。从总差异的分解看，区域内差异也大于区域间差异，并且两者都呈现

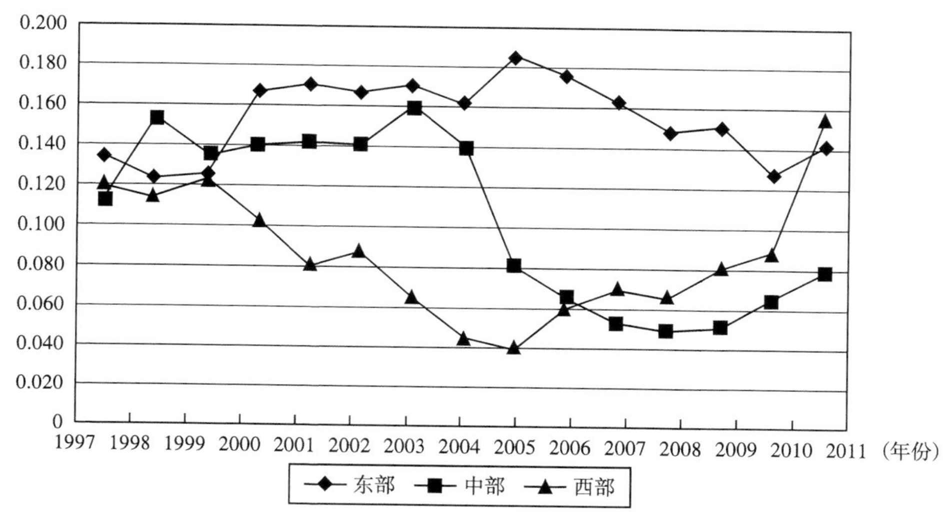

图 5-8 东中西部三大区域内工业废气排放差异的走向趋势

出倒 U 型变化趋势。

图 5-8 显示，在不同的阶段，各地区工业废气排放差异的变动情况有较大区别。1997~2006 年，东部地区的平均对数离差变动幅度不大，T_0 均值为 0.158，中部与东部差异逐渐缩小，均值为 0.127，西部则呈现出逐渐下降的趋势，其平均对数离差均值为 0.084。在这一时期，各区域内省市工业废气排放不平等程度为东部最高，中部次之，西部最低。2007~2011 年，中西部的对数离差均值都逐渐增大，但西部反超了中部，与东部的差距逐渐缩小，其均值为 0.092；东部依然保持最高，均值为 0.146，中部虽有小幅上升但均值最低，变为 0.060。在这一阶段，东部的工业废气排放不平等程度虽然最高，但东西部差异在逐渐缩小，与中部的差异逐渐扩大。综合来看，东部地区工业废气排放不平等程度没有太大变化，比较而言，中部和西部地区的波动变化却较为明显。

表 5-6 的分解结果显示，1997~2011 年，东部地区内各省、市间工业固体废弃物排放的平均对数离差均值 T_0 为 0.328，中部的平均对数离差均值为 0.174，西部为 0.099，说明各区域工业固体废弃物的排放差异为：东部>中部>西部。而与 15 年内工业废水和工业废气排放的平均对数离差均值 T_0 相比，各地区工业固体废弃物的排放明显具有更高程度的不平等性。类似地，通过计算各地区工业产值和工业废气排放数据不难发现，1997~2011 年，东部地区平均以 61%的工业产值排放出 43%的工业固体废弃物，中部地区则平均以 27%的工业产值排放出 36%的工业固体废弃物，西部地区以平均 12%的工业产值排放 21%的工业固体废弃物，能源利用效率为：东部 > 中部 > 西部。从总差异的分解来看，区域内差异大于区域间差异，并且差距悬殊。

表 5-6　1997~2011 年东中西部工业固体废弃物排放的 T_0 指数及分解

工业固体废弃物						
年份	东部	中部	西部	区域间差异	区域内差异	总差异
1997	0.308	0.165	0.052	0.067	0.238	0.305
1998	0.306	0.194	0.109	0.093	0.252	0.345
1999	0.300	0.185	0.069	0.091	0.243	0.334
2000	0.297	0.234	0.062	0.102	0.255	0.356
2001	0.320	0.201	0.058	0.060	0.261	0.320
2002	0.297	0.226	0.065	0.085	0.254	0.339
2003	0.302	0.214	0.082	0.109	0.257	0.367
2004	0.370	0.203	0.093	0.082	0.299	0.381
2005	0.354	0.170	0.080	0.098	0.280	0.378
2006	0.323	0.143	0.099	0.099	0.254	0.353
2007	0.327	0.133	0.076	0.093	0.250	0.343
2008	0.294	0.136	0.080	0.076	0.227	0.302
2009	0.321	0.115	0.138	0.065	0.243	0.307
2010	0.348	0.140	0.129	0.052	0.261	0.313
2011	0.447	0.158	0.295	0.058	0.341	0.399

结合图 5-9 的走向趋势可以看出，各区域内工业固体废弃物排放差异没有出现剧烈变动的情况，反而维持着相对稳定的波动状态。从不同阶段来看，1997~2008 年，东部平均对数离差 T_0 变动幅度不大，T_0 均值为 0.317，中部呈现逐渐下降趋势，均值为 0.184，西部与中部差距逐渐减小，其平均对数离差均值为 0.077。在这一时期，各区域内省市工业固体废弃物排放不平等程度为东部最高，中部次之，西部最低。而 2009~2011 年，中西部的对数离差均值逐渐增大，西部在 2011 年反超了中部，与东部的差距逐渐缩小，其均值为 0.187；东部有小幅上升，依然保持最高，均值为 0.372，中部虽有小幅上升但均值最低，变为 0.138。这一阶段，中部地区内各省市的工业固体废弃物排放不平等程度最低，而西部地区内各省市工业固体废弃物排放不平等在 2011 年大幅提升，由此拉大了与中部之间的差距，但却缩小了与东部间的差异。总体而言，东部、中部和西部三大区域内部各省市工业固体废弃物排放不平等程度并没有发生剧烈的变化。

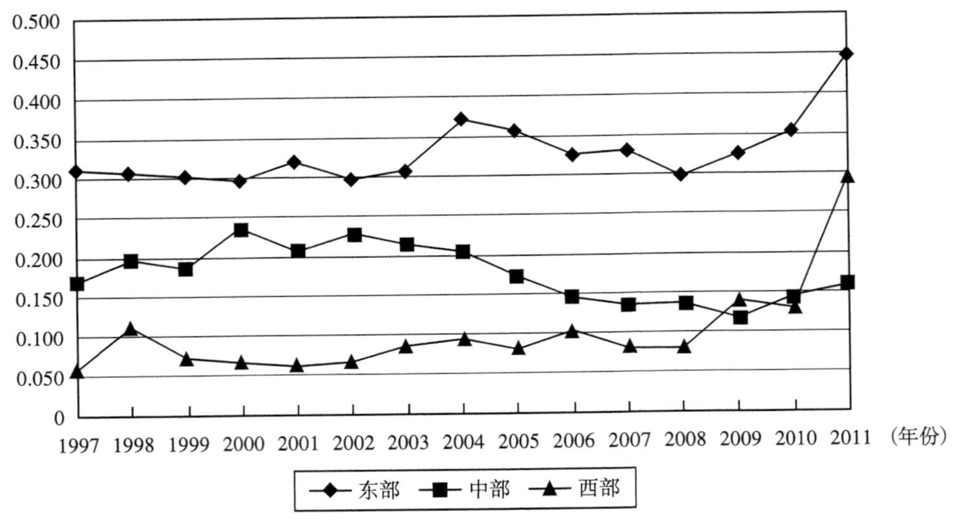

图 5-9　东中西部三大区域内工业固体废弃物排放差异的走向趋势

此外，将式（5-11）左右两边同时除以 T_{total}，就可以得到各地区内部差异和地区间差异对总差异的贡献率，其值大小能够反映对应的差异因素对总差异的影响程度。三大区域内部区域间差异对全国整体差异的贡献率计算结果如表 5-7~表 5-9 所示。

从表 5-7 的数据可以明显看出，中国工业废水排放的总体差异主要来自于区域内部差异，平均贡献率高达 87.7%，呈现出逐年递增的趋势；相反，区域间差异贡献率则较小，并且逐年递减。在地区内部差异中，中部和西部地区工业废水排放差异对总体差异贡献较小，平均贡献率分别为 14.6%和 8.1%；东部地区内的工业废水排放差异不仅是区域内差异的主要来源，也是中国整体工业废水排放差异的重要影响因素，东部的贡献率始终维持在 46.8%以上，且呈现出日益提升的趋势。

表 5-7　中国工业废水排放的区域总体差异的贡献率分解

工业废水（%）					
年份	东部贡献率	中部贡献率	西部贡献率	区域间贡献率	区域内贡献率
1997	0.510	0.159	0.042	0.289	0.711
1998	0.572	0.188	0.039	0.201	0.799
1999	0.494	0.137	0.112	0.256	0.744
2000	0.468	0.117	0.113	0.302	0.698
2001	0.620	0.116	0.102	0.161	0.839
2002	0.607	0.136	0.100	0.157	0.843
2003	0.611	0.155	0.079	0.155	0.845
2004	0.621	0.185	0.079	0.115	0.885
2005	0.672	0.155	0.099	0.074	0.926
2006	0.700	0.116	0.121	0.063	0.937
2007	0.730	0.161	0.083	0.026	0.974
2008	0.769	0.140	0.074	0.017	0.983
2009	0.777	0.159	0.047	0.017	0.983
2010	0.845	0.107	0.043	0.004	0.996
2011	0.746	0.154	0.087	0.014	0.986

表 5-8　中国工业废气排放强度的区域总体差异的贡献率分解

工业废气（%）					
年份	东部贡献率	中部贡献率	西部贡献率	区域间贡献率	区域内贡献率
1997	0.441	0.168	0.076	0.315	0.685
1998	0.385	0.217	0.069	0.329	0.671
1999	0.387	0.178	0.071	0.364	0.636
2000	0.442	0.154	0.048	0.356	0.644
2001	0.436	0.150	0.036	0.377	0.623
2002	0.425	0.145	0.038	0.392	0.608
2003	0.407	0.146	0.025	0.421	0.579
2004	0.387	0.129	0.018	0.466	0.534
2005	0.435	0.070	0.015	0.480	0.520
2006	0.422	0.059	0.025	0.493	0.507
2007	0.427	0.055	0.033	0.485	0.515
2008	0.432	0.062	0.038	0.468	0.532
2009	0.449	0.068	0.049	0.434	0.566
2010	0.401	0.099	0.063	0.438	0.562
2011	0.400	0.115	0.105	0.380	0.620

如表 5-8 所示，工业废气排放的总体差异仍然主要来自于区域内部差异，但并未同工业废水区域内部差异一样逐年递增，反而有一定的下降，其贡献率均值为 58.7%；而区域间差异贡献率则有较大幅度的提升，逐渐接近区域内差异贡献率，均值为 41.3%。在地区内部差异中，东部地区内的工业废气排放差异是区域内差异的主要来源，也是中国总体工业废气排放差异的重要影响因素，其平均贡献率为 41.8%，整体变动较为稳定。中部和西部地区工业废气排放差异对总体差异贡献较小，呈现出先下降后上升的 U 型趋势。虽然中部的差异贡献率始终大于西部，但其波动更为明显，中部和西部内部差异对总差异的平均贡献率分别为 12.1%和 4.7%。

表 5-9　中国工业固体废弃物排放强度的区域总体差异的贡献率分解

工业固体废弃物（%）					
年份	东部贡献率	中部贡献率	西部贡献率	区域间贡献率	区域内贡献率
1997	0.611	0.150	0.020	0.219	0.781
1998	0.540	0.154	0.037	0.268	0.732
1999	0.558	0.147	0.024	0.272	0.728
2000	0.526	0.170	0.019	0.285	0.715
2001	0.632	0.162	0.020	0.186	0.814
2002	0.556	0.171	0.021	0.252	0.748
2003	0.534	0.144	0.024	0.298	0.702
2004	0.626	0.132	0.026	0.215	0.785
2005	0.611	0.108	0.022	0.259	0.741
2006	0.590	0.098	0.031	0.281	0.719
2007	0.605	0.098	0.025	0.272	0.728
2008	0.600	0.119	0.032	0.250	0.750
2009	0.632	0.101	0.056	0.210	0.790
2010	0.653	0.126	0.054	0.167	0.833
2011	0.637	0.116	0.102	0.145	0.855

中国工业固体废弃物的总体差异贡献率分解结果可以从表 5-9 中显示的数据得到。不难发现，中国工业固体废弃物排放的总体差异主要来自于区域内部差异，并且区域内部差异贡献率其远高于区域间差异，平均贡献率为 76.1%，呈现出波动上升的趋势；区域间差异的平均

贡献率则为 23.9%。在地区内部差异中，东部地区内的工业固体废弃物排放差异仍然是区域内差异的主要来源，其平均贡献率为 59.4%，中部和西部地区工业废水排放差异对总体差异贡献较小，平均贡献率分别为 13.3%和 3.4%，东中西三大区域的排放差异贡献率相差悬殊。

第五节　本章小结

前述的几个小节采用基尼系数、泰尔平均对数离差 T_0 和泰尔 T 指数 T_1 对中国分省以及东中西部三大区域 1997~2011 年不同工业污染物的排放差异进行了测度，通过相关分析可以得到如下结论：

首先，中国地区间的工业污染排放呈现出明显的差异性特征。无论是从分省还是从东中西部三大区域的角度看，不同工业污染物排放都有明显的地区差异。从污染物排放的不平等程度来说，无论是各省市间还是各区域内都遵循着“工业固体废弃物排放 > 工业废气排放 > 工业废水排放”这一特定规律。从变化趋势看，在 1997~2011 年的 15 年内，各省市工业废水排放与工业废气排放差异的变动状况基本一致，呈现出由低到高，再由高到低的倒 U 型过程；各省市工业固体废弃物排放不平等的变化趋势并不是典型的倒 U 型而是 N 型。从三大区域来看，各区域内部不同工业污染物的排放差异变动也呈现出与分省变动类似的情况。

其次，从区域内部工业污染的排放不平等来看，在自然资源相对贫乏、经济较发达的地区，工业污染排放不平等程度较高，而在自然资源丰富、经济欠发达的地区，工业污染排放不平等程度则相对较小。1997~2011 年的整个观测时期内，东部工业废水排放的平均对数离差 T_0 均值在三大区域中最高，为 0.100，西部的平均对数离差 T_0 均值为

0.071，位居其次，中部的平均对数离差 T_0 均值最低，为 0.054；从工业废气排放来看，东部工业废气排放的平均对数离差均值 T_0 为 0.154，中部的平均对数离差 T_0 均值为 0.105，西部为 0.087；最后对于工业固体废弃物的排放，东部地区内各省、市间工业固体废弃物排放的平均对数离差 T_0 均值为 0.328，中部的平均对数离差 T_0 均值为 0.174，西部为 0.099。说明在三大区域中，无论对于哪一种工业污染物排放，东部地区内各省市的不平等程度最高，而中西部各省市工业污染排放的不平等程度则较低。

最后，对中国区域工业污染排放的总体差异进行分解后发现，工业污染排放的总体不平等主要来自于区域内部差异，而区域内部不平等主要来自东部地区内各省市差异的贡献。这说明，东部地区的各省市受经济发展水平和工业化进程的影响，工业污染排放差异最为明显。结合各地区工业产值和工业污染排放数据可以发现，1997~2011 年，东部地区以平均 61%的工业产值排放出 57%的工业废水、41%的工业废气和 43%的工业固体废弃物，中部地区以平均 27%的工业产值排放出 28%的工业废水、36%的工业废气和 36%的工业固体废弃物，西部地区以平均 12%的工业产值排放 28%的工业废水、23%的工业废气和 21%的工业固体废弃物。这说明，虽然东部各省市排放差异最大，但整体的能源利用效率却最高，中西部地区各省市排放差异较小，但能源利用效率却较低。同时这也表明，中西部地区和东部地区相比有更大的节能潜力，应提高其清洁生产技术水平，转变经济发展方式，从而达到降低单位产值能源消耗的目标。但不可忽视的是，东部地区始终是中国工业污染排放的大户，在相应的地区发展计划中节能减排仍然是重要的议题。此外还应看到的是，工业废水排放的区域间差异逐渐降低，而工业废气与固体废气物排放的区域间差异则基本保持稳定，说明中国区域差别化政策以及中西部发展战略的实施对三大区域间工业污染排放差异的减小有一定影响。

第六章　中国经济发展与地区环境污染排放

无论从省际或者是东中西部三大区域来看，中国地区间都存在较大的工业污染排放差异。这只是地区环境污染排放表现出的地区间环境不平等结果，有必要对影响环境污染排放的因素进行较为全面的考察。本章从省域和东中西部三大区域的角度对我国的三类工业污染排放与经济增长关系进行环境库兹涅茨曲线的检验，再根据前文论述提出其他影响环境污染排放的相关因素，构建最终的地区环境污染排放决定方程并进行相应估计分析。

第一节　工业污染排放的库兹涅茨假说的实证检验

一、初始模型及数据说明

EKC 的模型形式可以分为多项式和对数多项式，主要的解释变量为经济发展水平，通常采用人均 GDP 来表示，在计量模型中一般包括其一次项和二次项，有时甚至为三次项。当然，在模型中一般还有其他的控制变量，比如产业结构、技术进步、政府环境规制和市场不完备性等。由于学者们对 EKC 模型是否应包含三次项仍存在较大争议，且其对应的转折点并未有明确的经济意义，因此本书仍然延续多数文献的做法，采用包含二次项的多项式来进行工业污染排放强度与经济增长关系的检验，初始模型设定如下：

$$ep_{it} = \alpha_{it} + \gamma_{1it}E_{it} + \gamma_{2it}(E_{it})^2 + \mu_{it} \tag{6-1}$$

式中，i 表示省份，t 表示年份，α_{it} 代表各观测省市的个体效应，μ_{it} 为误差项。ep_{it} 表示工业污染排放的度量指标，在本书中用 PW 表示工业废水，PG 表示工业废气，PS 表示工业固体废弃物；E_{it} 表示各省市的经济发展水平。

在以往研究 EKC 的文献里，环境污染指标通常采用的是人均污染排放量，不同于这些文献，本书使用的是工业污染排放强度（单位工业产值工业污染排放量）。此外，经济发展水平采用了通常的做法，用人均地区生产总值 GDP 表示。本节主要检验经济增长与工业污染排放强度间的关系，因此未加入相应的控制变量。需要指出的是，在本书中所有以货币为单位的变量指标都按照可比价折算到了 1997 年。此外，若无特殊说明，所有的指标数据都来自各年的《中国统计年鉴》、分省统计年鉴以及《中国环境统计年鉴》。

二、实证结果分析

在数据分析前，由于各地区或年份会具有不同的效应，难以明确适宜用混合回归模型还是面板数据模型。因此在做具体的模型回归前，需要做相应的检验。由于本书的面板数据为以各省市为截面单元，年限为 15 年的强平衡面板，$N > T$ 且截面单元数量是年限的两倍，因此单位根检验和协整检验的效果并不明显，所以这里不对这些检验进行考虑，本节的计量采用 Stata 10.1 进行分析。

首先，为了确定对数据使用混合 OLS 模型还是面板回归模型，常用的方法是先设定模型为固定效应，然后观测其聚类稳健标准差，通过 F 值检验或虚拟变量法（LSDV）对样本的截面虚拟变量的联合及各自显著程度进行检验。从检验的结果来看，对于工业废水有 24 个省市在 1%的水平上显著，1 个省市在 5%的水平上显著；工业废气有 12 个省市在 1%的水平上显著，3 个省市在 5%的水平上显著，1 个省市在 10%的水平上显著；对于工业固体废弃物有 16 个省市在 1%的水平上显著，3 个省市在 5%的水平上显著，2 个省市在 10%的水平上显著。因此无论从哪一种工业污染物排放看，都拒绝了“所有个体虚拟变量为 0”的原假设，也就是说，模型估计中存在个体效应，不能使用混合 OLS 进行分析。

在确定了模型应使用面板数据模型进行回归后，需要进一步明确估计模型的方法是固定效应还是随机效应。这里需要用到霍斯曼检验法（Hausman Test），其基本思想是当残差项与解释变量不相关时，固定效应模型与随机效应模型是一致的，但随机效应模型更有效；当残差项与解释变量相关时，固定效应模型估计结果仍然是一致的，但随机效应模型估计结果则是有偏的。因此，霍斯曼检验的原假设为“残差项与解释变量不相关”，若检验结果拒绝原假设则应选择固定效应模型。

对于各省市工业废水、工业废气以及工业固体废弃物排放强度与经济增长模型，Hausman 检验的结果分别为 67.03、203.02 和 50.18，对应的 P 值分别为 0.020、0.000 和 0.016，也就是说对这工业废水和工业固体废弃物排放强度模型，固定效应模型更适合。由于在本书的观测样本中，截面单元个数 N 并非远大于观测时间 T，因此为了避免组间异方差对估计结果造成较大偏误，这里采用聚类稳健的标准差对这 3 个模型进行估计。

表 6-1　各省市工业污染排放强度与经济增长的估计结果

	自变量	系数	标准差	t 值	P 值	R^2	F 统计量	估计
PW	E	-1.649	0.054	-30.56	0.000	0.819	947.09***	固定效应
	E^2	0.151	0.010	14.77	0.000			
	Cons.	5.216	0.052	100.22	0.000			

续表

	自变量	系数	标准差	t 值	P 值	R^2	F 统计量	估计
PG	E	-1.794	0.060	-29.79	0.000	0.817	938.87***	固定效应
	E^2	0.158	0.011	13.88	0.000			
	Cons.	-0.963	0.058	-16.5	0.000			
PS	E	-0.715	0.057	-12.55	0.000	0.586	177.26***	固定效应
	E^2	0.059	0.010	5.52	0.001			
	Cons.	1.369	0.054	24.91	0.000			

注：*、**、*** 分别表示 10%、5%、1%的显著性水平。

表 6-1 的回归结果显示，无论是对于工业废水 PW、工业废气 PG 还是工业固体废弃物 PS 的排放强度，变量经济发展水平 E 和 E^2 都在 1%的水平上显著。此外，从估计的 F 统计量上看，结果也非常显著，表明各模型回归分析的拟合效果较好。但是，表 6-1 显示的经济发展水平一次项与二次项系数分别为负和正，这与以人均工业污染排放量为研究对象的实证结果不同。也就是说，本书工业污染排放强度与经济增长间的关系存在 U 型曲线，而非倒 U 型曲线，这也符合事实推断的估计结果。本书曾经论述了各省市工业排放强度随时间的变化状况，从分析来看，大部分省市的工业排放强度随时间都有较大程度的降低。因此，这里的回归结果印证了之前的分析。而从不同工业污染物排放强度对应的经济发展水平拐点来看，对于工业废水，U 型曲线的拐点为人均地区生产总值 54602.65 元，工业废气和工业固体废弃物排放强度的拐点则分别为 56772.15 元和 60593.22 元，但从经济发展水平来看，跨越这几个拐点的省市寥寥无几。总体上讲，从各省市来看，工业污染排放强度与经济增长间并不存在 EKC 曲线；相反地，存在 U 型曲线，这与王佳（2012）关于碳排放强度的研究结论类似。

接下来，本书将从东中西部三大区域的角度对工业污染排放强度的 EKC 假说进行检验。将面板数据进行相应的分割后，截面单元的数量 N 小于观测时间 T。此时，不再适合采用面板数据模型的固定效应

表 6-2　区域面板数据的异方差和相关性检验结果

东部	PW	PG	PS
Modified Wald	890.080***	594.330***	3281.860***
Wooldridge	1380.298***	29.891***	659.613***
Frees	2.176***	3.634***	4.354***
Friedman	35.508***	49.350***	19.258*
中部	PW	PG	PS
Modified Wald	672.510***	595.690***	6327.720***
Wooldridge	817.032***	403.785***	28.229***
Frees	1.336***	1.835***	2.973***
Friedman	44.267***	32.533***	21.789***
西部	PW	PG	PS
Modified Wald	173.370***	655.840***	3373.840***
Wooldridge	44.343***	287.662***	131.611***
Frees	1.764***	1.448***	1.085***
Friedman	31.033***	32.956***	18.500**

注：*、**、*** 分别表示 10%、5%、1%的显著性水平。

或者随机效应模型进行估计，并且需要考虑变量的时间效应。对于面板数据回归，一般的做法是进行面板单位根检验，序列平稳才能进行回归，以避免得到伪回归结果。但在本书中观测的年份跨度为 15，并非为大样本的时间长度，因此没有必要进行单位根检验。

对于本书分割后的面板数据，适宜采用可行的广义最小二乘法（FGLS）进行模型估计，但首先需进行一系列检验来确定是否存在组间异方差、组内自相关或组间截面相关。这里，本书利用修正的沃尔德检验（Modified Wald Test）方法检验组间异方差，用伍德里奇检验（Wooldridge Test）验证组内自相关，用 Frees 和 Friedman 检验组间截面相关，结果如表 6-2 所示。从表 6-2 不难看出，无论是以工业废水、工业废气还是以工业固体废弃物排放强度为因变量，东中西部三大区域的数据均存在组间异方差、一阶组内自相关和组间截面相关。因此，用面板数据模型的固定效应或随机效应模型进行估计已不再适合，需要针对以上存在的问题，在运用可行的广义最小二乘法估计模型时加入相应的限制条件，具体的分析结果如表 6-3 所示。

表 6-3　各地区 FGLS 的回归结果

地区	因变量	自变量			Wald 统计量
		E	E_2	Cons.	
东部	PW	−28.581 (−7.96)***	2.781 (5.05)***	77.546 (15.40)***	148.500
	PG	−0.057 (−8.45)***	0.007 (6.03)***	0.122 (13.55)***	141.590
	PS	−0.783 (−5.13)***	0.076 (3.33)***	2.310 (10.91)***	63.750
中部	PW	−68.570 (−12.94)***	13.867 (8.82)***	88.485 (23.89)***	358.540
	PG	−0.145 (−6.46)***	0.031 (4.27)***	0.179 (12.18)***	110.260
	PS	−2.241 (−3.77)***	0.441 (2.40)**	3.760 (9.35)***	36.620
西部	PW	−164.238 (−9.08)***	48.256 (6.23)***	143.867 (16.53)***	200.970
	PG	−0.316 (−6.48)***	0.087 (4.25)***	0.303 (12.10)***	119.550
	PS	−3.786 (−3.19)***	0.950 (2.08)***	5.141 (7.78)***	24.490

注：*、**、*** 分别表示在 10%、5%、1%的水平上显著，括号里的数值为 z 统计量，此外由于运用 FGLS 同时处理组内自相关和组间相关时，R^2 并不能表示拟合优度，因此这里没有做相应报告。

从表 6-3 不难看出，各区域工业污染物排放强度与经济增长间并不存在倒 U 型关系，相反呈现 U 型关系，这与分省的情况类似，只是最低点代表的经济发展水平不同。对于工业废水排放强度，东部地区最低点为 51386.19 元，中部为 24724.17 元，西部为 17017.37 元；对于工业废气排放强度，东部地区最低点为 40714.29 元，中部为 23387.10 元，西部为 18160.92 元；对于工业固体废弃物，东部地区最低点为 51513.16 元，中部为 25408.16 元，西部为 19926.32 元。对于各污染物排放强度，东部整体还未达到最低点，中部和西部的经济发展则较为接近最低点。

第二节　地区环境污染排放的决定方程

一、模型构建与指标数据说明

前文对工业污染排放强度与经济增长间的关系做了相关检验，根据 IPAT 模型、Grossman 模型以及 Verbeke 和 Clercq 分解模型，环境压力除了受到经济发展水平、人口和技术因素的影响，还与产业结构（许和连和邓玉萍，2012）、外商直接投资水平（黄菁，2010；张彦博和郭亚军，2009）有密切联系，此外对外经济依存度（陆宇嘉，2012）、城市化水平（李廉水和宋乐伟，2003；李姝，2011）有密切联系。因此，在对地区环境不平等进行研究时除了考虑经济发展水平，在模型中还需控制其他相关变量，本书主要从以下几方面选取控制变量。

（1）产业结构。目前中国各省市的环境污染排放主要来源于工业生产，工业化生产促进了经济增长，高投入、高耗能的粗放发展方式却给环境承载带来了较大压力。虽然这种增长方式正在转变（涂正革和肖耿，2006），仍会给环境带来一系列问题。从经验上说，调整地方产业结构对降低污染排放的总体水平有积极作用，应将经济发展重心从劳动密集型产业转向资金技术密集产业，从依赖第二产业逐步转向第三产业，合理布局产业结构。但是，工业产值占比的增加是否必然导致工业污染排放强度的增加，两者间的关系还有待验证。这里用各省市工业产值占当年地区总产值的比例来描述各省市的产业结构，用 INR 表示。

（2）对外经济依存度。随着世界一体化进程的深入，以贸易为主的中国对外经济发展逐渐加快。但同外商直接投资一样，不少学者对中国对外经济发展是否引起国内环境质量下降展开了讨论（陆宇嘉等，2012），目前还没有统一结论。为此，用各省市按境内目的地和货源地分货物进出口总额（同样按照当年美元对人民币平均汇率换算成人民币）比上当年 GDP 来刻画对外经济依存度，用 OPEN 表示。

（3）城镇化率。从对环境压力影响因素的各类模型回顾可以看到，人口是影响环境变化的重要因素。但是在中国，由于存在较为严格的人口控制政策，用以衡量人口规模的人口总数量相对于其他变量较为稳定，难以反映人口变化对环境压力的冲击。随着中国经济的高速发展，城镇建设进程加快，越来越多的人口向城镇转移，导致了对能源需求的进一步增加，这也造成了相应工业部门产能和污染排放的大幅增加。因此，采用城镇化率有助于反映中国城市化进程对工业污染排放强度的影响。本书采用各省市非农业人口与年底总人口之比来体现城镇化率，用 UR 表示。

（4）外商直接投资水平。一直以来，外商直接投资（FDI）对一国经济发展的作用被认作是硬币的两面（张彦博和郭亚军，2009）：它既可能为被投资国提供经济发展所需的部分资金支持和先进的技术管理经验，从而改善当地环境质量；也可能导致污染产业转移使被投资国成为“污染天堂”。所以，FDI 对中国工业污染排放强度的影响尚不明确，这里用实际利用外商直接投资额（按照当年美元对人民币平均汇率换算成人民币）比上当年 GDP 来表示外商直接投资水平 FDI。

此外根据前文的实证结果，工业污染排放强度的 EKC 曲线并不存在，反而呈现 U 型趋势，但无论从分省或是东中西部各区域来看，经济发展水平基本未到达拐点，因此在本节暂时不考虑二次项的影响。最终，得到了工业污染排放强度影响因素测度的基本计量模型：

$$ep_{it} = \alpha_{it} + \beta_{1it}E_{it} + \beta_{2it}INR_{it} + \beta_{3it}UR + \beta_{4it}OPEN_{it} + \beta_{5it}FDI_{it} + \mu_{it} \tag{6-2}$$

式中，i 表示省份，t 表示年份。α_{it} 表示表各观测省市的个体效应，μ_{it} 为误差项。ep_{it} 表示工业污染排放强度指标，在本书中用 PW 表示工业废水，PG 表示工业废气，PS 表示工业固体废弃物，E_{it} 表示各省市的经济发展水平，INR_{it} 表示产业结构变量，UR_{it} 表示城镇化率，$OPEN_{it}$ 表示经济的对外依存程度，FDI_{it} 表示外商直接投资水平。

此外，本节中所有以货币为单位的变量指标都按照可比价折算到了 1997 年。此外若无特殊说明，所有的指标数据都来自各年的《中国统计年鉴》、分省统计年鉴以及《中国环境统计年鉴》。从表 6-4 所示的各变量描述性统计结果可以看出，由于测度样本涵盖了中国 1997~2011 年共计 15 年 30 个省市的数据，因此样本中各变量的观测次数达到了 450 次，构成了实证分析需要的强平衡面板数据。此外，从标准差可以看出，各主要指标的观察值变异较大，适宜做回归分析。

表 6-4 各变量的描述性统计结果

变量	观测值	平均值	标准差	最大值	最小值
PW	450	40.12	33.57	191.41	2.21
PG	450	0.08	0.09	0.65	0.00
PS	450	2.41	2.03	13.52	0.20
E	450	1.43	1.07	6.33	0.22
UR	450	34.93	14.97	89.30	13.61
OPEN	450	22.88	29.83	175.76	1.41
INR	450	49.30	19.35	124.74	11.80
FDI	450	3.438	3.64	17.574	0.087

二、计量方法

如同前文所述，在数据分析前，由于各地区或年份会具有不同的效应，难以明确适宜用混合回归模型还是面板数据模型。因此在做具体的模型回归前，需要做相应的检验。

对于分省的情况，面板数据截面单元 N = 30，T = 15，N > T 且截面单元数量是年限的两倍，因此单位根检验和协整检验的效果并不明显，所以这里不对这些检验进行考虑。为了确定对数据使用混合 OLS 模型还是面板回归模型，需要通过 F 值检验或虚拟变量法（LSDV）对样本的截面虚拟变量的联合及各自显著程度进行检验。对于“所有个体虚拟变量为 0”的原假设，若拒绝原假设，则说明模型估计中存在个体效应，不能使用混合 OLS 进行分析。在确定了模型应使用面板数据模型进行回归后，需要进一步明确估计模型的方法是固定效应还是随机效应。这里需要用到霍斯曼检验法（Hausman Test），其基本思想是当残差项与解释变量不相关时，固定效应模型与随机效应模型都是一致的，但随机效应模型更有效；当残差项与解释变量相关时，固定效应模型估计结果仍然是一致的，但随机效应模型估计结果则是有偏的。因此，霍斯曼检验的原假设为“残差项与解释变量不相关”，若检验结果拒绝原假设则应选择固定效应模型。

对于东中西部三大区域的情况，根据东中西部的划分标准，在本书中除了因数据搜集不全将西藏剔除出样本外，东部包含 12 个省市，中部和西部则分别包含 11 个省市。将东中西部各地区内部的各变量数据汇总，便得到了研究所需的数据。此时构成了截面单元数量 N 为 3，观测时期长度 T 为 15 的强平衡面板。此时，不再适合采用面板数据模型的固定效应或者随机效应模型进行估计。一般来说，此时最理想的方法为可行的广义最小二乘法（FGLS）。但是，首先需进行一系列检验来确定是否存在组间异方差、组内自相关或组间截面相关。这里，仍然需利用修正的沃尔德检验（Modified Wald Test）方法检验组间异方差，用伍德里奇检验（Wooldridge Test）验证组内自相关，用 Frees 和 Friedman 检验组间截面相关。其次，若相应的检验结果拒绝原假设，则可认为存在组间异方差、组内自相关或组间截面相关。最后，在进行 FGLS 估计之前，需要针对存在的各类问题加入相应的限制条件，这样才能较为准确地得到实证结果。

三、实证结果分析

（一）分省工业污染排放强度影响因素的估计

同前文类似，为了确定对数据使用混合 OLS 模型还是面板回归模型，这里通过 F 值检验或虚拟变量法（LSDV）对样本的截面虚拟变量的联合及各自显著程度进行检验。结果显示，对于工业废水有 25 个省市在 5%以上的水平上显著，工业废气有 16 个省市在 5%以上的水平上显著，至于工业固体废弃物则有 20 个省市在 5%以上的水平上显著。

因此，无论从哪一种工业污染物排放看，都拒绝了“所有个体虚拟变量为 0”的原假设，也就是说，模型估计中存在个体效应，不能使用混合 OLS 进行分析。

为了确定对面板数据估计应该使用固定效应还是随机效应模型，这里采用了 Hausman 检验。结果表明，工业废水、废气以及固体废弃物的卡方统计量分别为 471.60、4.72 和 18.59，对应的 p 值分别为 0.317、0.020 和 0.001，说明对工业废气以及工业固体废弃物的排放强度影响因素估计应选择固定效应模型，对于工业废水应选择随机效应模型，估计的结果如表 6–5 所示。

表 6–5　分省估计结果

变量	PW	PG	PS
E	−0.456（−12.72）***	−0.548（−12.87）***	−0.269（−6.45）***
UR	−0.005（−1.97）**	−0.014（−4.19）**	−0.004（−1.69）*
INR	−0.022（−17.34）***	−0.020（−13.37）***	−0.007（−4.58）***
OPEN	0.001（1.34）	0.012（0.67）	0.001（1.04）
FDI	−0.123（−2.86）**	−0.076（−2.67）**	−0.143（−1.96）*
Cons.	5.245（67.50）***	−0.779（−8.70）***	1.356（15.44）***
观测次数	450	450	450
截面个数	30	30	30
联合显著检验	540.530***	504.94***	86.650***
Hausman	471.600 ***	4.72	18.59***
Adj–R^2	0.838	0.829	0.651
估计方法	随机效应模型	固定效应模型	固定效应模型

注：*、**、*** 分别表示在 10%、5%、1%的水平上显著，固定效应括号内为 t 值，随机效应括号内为 z 值。联合显著检验结果在固定效应模型中为 F 统计量，在随机效应模型中为 Wald 统计量。

从表 6–5 的结果可以看出，对于分省面板的估计情况，经济发展水平以及工业产值占比与各工业污染物的排放强度关系为显著负相关。也就是说，经济发展水平与工业产值占比的提高并没有使工业污染物排放强度增加，反而降低了工业污染物的排放强度。这个结果似乎不合常理，但是通过前文对中国整体工业污染排放强度的趋势研究可以发现，1997~2011 年工业污染排放强度确实是随经济增长在逐渐降低的，因此表 6-5 中的回归结果只是客观反映了这一事实。工业产值占比的提高降低了工业污染排放强度，一个可能的解释是工业产值增加的速度快于工业污染排放增加的速度，因此当工业产值占比增加时，工业污染排放强度会出现下降趋势。此外，目前工业的行业调整方向为从粗加工制成品向精加工转变，污染产品向清洁产品转变（许和连和邓玉萍，2012），可以预测的是当产业结构调整达到一定水平，其效果会更加明显。

城镇化率与工业污染排放强度的关系为负，并且较显著，这与预判并不一致。伴随着城市化进程的加快，城镇建设大量依赖于工业部门生产提供的初级产品，工业污染排放大幅度增加，对环境造成了不小的压力。工业污染排放强度随城市化进程相应减小，究其原因可能是城市化聚集了各类资源并产生规模效应，为实现技术创新创造了良好的外部环境条件，而技术是节能减排实现的核心，因此从这个角度来讲，城镇化率的提升反而使单位工业产值的污染排放有所降低，可以减轻对环境造成的压力（李廉水和宋乐伟，2003）。

从对外经济依存度来看，表 6-5 的实证结果显示，以国际贸易为主的对外经济对中国工业污染排放强度减小产生了负面影响，只是这一作用并不显著。这说明，以低技术附加值产品出口为主、中等技术附加值产品出口为辅的中国加工业虽然没有使工业污染排放强度大幅增加，但也没有减小其排放强度。

外商直接投资与三种工业污染物的排放强度关系均为负，且保持着 10%以上的显著性水平，表现出极强的稳健性，表明外商直接投资水平的提高能对工业污染排放强度的减小产生积极的正向效应，中国的“污染天堂”假说并不成立。究其原因可认为，首先，外商直接投资使用较先进的管理理念和生产技术，在生产过程中对资源的利用率高、能源损耗少，能够降低地区的环境污染水平（黄菁，2010）。在我国获得环境标志认证的企业有一半以上为外资企业，而通过环境管理体系（ISO14001）认证的企业，2/3 以上为外资企业（许和连和邓玉萍，2012）。因此，外商直接投资对环境友好型技术的转移有积极作用。其次，FDI 对东道国的相关产业产生前后向的关联效应，使本土企业在与外资企业的合作交流中获得技术溢出，因此从这个层面上看，清洁型外商直接投资对区域资源利用的分配使用、产业结构的优化升级起到了推动作用，从而减少了单位工业产值的资源消耗以及污染排放（张彦博和郭亚军，2009）。

（二）分区域工业污染排放强度影响因素的估计

将截面单元转变为东部、中部和西部三大区域后，面板数据变成典型的长面板数据。由于长面板数据中 T = 15 远大于截面个数 3，因此需要添加时间虚拟变量。此外，还需要考虑组间异方差、组内自相关和组间截面相关的影响，因此有必要对其做一系列检验。表 6-6 中的检验结果显示，工业废水和工业废气排放强度的面板数据存在组间截面相关，不存在组间异方差和一阶组内自相关，而工业固体废弃物排放强度的面板数据则存在组间异方差和组间截面相关，不存在一阶组内自相关。

此时可行的广义最小二乘估计法（FGLS）是较理想的方法选择，在检验结果的基础上，根据相应的问题在估计时加入对应的限制条件，便能够得到较为准确的结果，最终结果如表 6-6① 所示。从估计的结果不难看出，分区域工业污染排放强度的各影响因素符号基本与分省情况一致，从显著性上看略有差别。但较为不寻常的是，城镇化率与工业固体废弃物排放强度间的关系为正，且并不显著。

根据对分省以及分区域工业污染排放强度影响因素的分析，可以看到经济发展水平、城镇化率、产业结构以及外商直接投资水平这 4

① 由于加入时间虚拟变量是为了尽可能地减少模型设定偏误，并不是关注的重点，因此从报告结果中略去。

表 6–6　分区域估计结果

变量	PW	PG	PS
E	−0.261（−3.40）***	−0.056（−2.53）**	−0.364（−3.32）***
UR	−0.023（−3.26）***	−0.035（−2.92）***	0.028（0.85）
INR	−0.028（−6.67）***	−0.032（−4.63）***	−0.027（−1.94）*
OPEN	0.009（1.49）	0.002（0.89）	0.004（0.98）
FDI	−0.002（−2.60）***	−0.006（−3.63）***	−0.009（−2.68）***
Cons.	4.677（16.73）***	−0.352（6.92）	2.307（1.78）*
观测次数	45	45	45
截面个数	3	3	3
Wald	10901.57***	4029.73***	1355.07***
Wooldrige Test	0.900	3.724	0.343
Modified Wald Test	0.150	0.29	15.06***
Frees Test	6.034***	1.827***	0.557***
Friedman Test	22.067***	37.033***	23.267***
估计方法	FGLS	FGLS	FGLS

注：*、**、*** 分别表示在 10%、5%、1%的水平上显著，括号内为 z 值。

个变量是影响工业污染排放强度的主要因素。经济的对外贸易依存水平虽有一定影响，但其作用并不显著。需要说明的是，影响工业污染排放强度的因素并不止前文提到的这些变量，因此难免有所遗漏。同时还应指出的是，即使从数据上看，随着经济发展及城市化进程等因素能够使工业排放强度有所降低，但估计的结果并不意味着只要工业污染排放降低就可以放任其排放不作为，降低污染的最优途径仍然是污染的防治，对其越早处理对环境的危害越小，因此还要从清洁生产技术和污染防治水平上进行相应改进。

四、结论

环境库兹涅茨假说对中国地区工业污染排放强度的适用性进行了验证，结果表明，无论是从分省还是分区域的角度来看，工业污染排放强度与经济增长间并不存在倒 U 型曲线，相反存在一个 U 型曲线，但无论对哪一种工业污染物，鲜有省市达到相应的经济发展拐点。在此基础上，根据前文分析和结合以往的文献研究，提出以经济发展水平、城镇化率、产业结构、对外经济依存度以及外商直接投资水平为主要变量的工业污染排放强度的影响因素方程，对分省和分区域工业污染排放强度的影响因素方程进行了估计。结果显示：无论是对分省面板还是分区域面板数据，经济发展水平、产业结构、城镇化率以及外商直接投资水平与工业污染排放强度间均存在显著的负效应。其中，经济发展水平的作用最为显著，因此是影响工业污染排放强度的最重要因素。对外经济依存度因素则与工业污染排放强度正相关，但均不显著。这表明以国际贸易为主的对外经济对中国工业污染排放强度的降低产生了负面影响，只是这一作用并不明显。也就是说，以低技术附加值产品出口为主、中等技术附加值产品出口为辅的中国加工业虽然没有使工业污染排放强度大幅增加，但也没有减少排放强度。此外，较为不寻常的是，分区域情况下，城镇化率与工业固体废弃物排放强度间的关系为正，但并不显著。

第七章　污染排放影响因素对地区环境不平等的贡献

对于中国工业污染排放的不平等研究主要是从子群分解角度对不平等度量指标进行分解，并非从影响因素角度对不平等进行分解。如果要深层次地掌握地区环境不平等背后的根源，还需要进一步厘清地区环境污染排放的各影响因素对地区环境不平等的贡献程度。本章将在分地区工业污染排放强度影响因素方程的基础上，剖析各主要影响因素对地区环境不平等的贡献程度，力求对各地区环境不平等的产生提供合理的解释。

第一节　基于回归方程的 Shapley 值分解法

长期以来，不平等分解都是经济学研究的重点领域。最初，不平等分解主要基于不平等的度量指标，通过组群分解的方式从组间差异和组内差异两个方面对不平等状况进行研究。虽然这种传统的分解方法能够提供不同属性分组对不平等的影响程度，然而却无法明晰导致不平等问题产生的决定因素对不平等的影响，因此经济学家们一直尝试通过回归方程来分解不平等。相较于传统分解方式，基于回归方程的不平等分解方法不仅可以定量分析各解释变量对方程中因变量不平等的贡献程度（Shorrocks，1982），而且在变量的选择上具有很强的包容性，可用于任意数目和任意类型的变量，例如经济、社会、政策和人口等因素，甚至对代理变量也同样适用。更重要的是，这种方法在处理收入的决定因素内生性以及随机误差时表现出的灵活性和能力，使其对政策制定者和经济学家极具吸引力（万广华，2004）。

Shorrocks 于 1999 年提出了基于合作博弈的夏普利值（Shapley）分解方法，并阐述了统一的标准和较为精确的分析框架。这一基于回归方程的分解方法不仅具有前述方法的各种优点，能够克服简单回归和常规不平等度量指标分解的局限，而且可以分解任意形式的不平等指标，对函数形式的限制很少，可以得到一种理论上可能的影响因子对于不平等的具体贡献大小和位置的排序（田士超和陆铭，2006）。Wan（2002）则认为 Shorrocks（1999）没有明显地考虑收入决定函数中的残差项与常数项，而这些因素与一般的自变量不同。因此他对 Shorrocks 的方法做了相应改进，在分解中对残差项与常数项进行了特殊处理，进一步拓展了基于回归方程的夏普利值分解法，使其具有更多优势。那么，夏普利值的含义是什么呢？

夏普利值的概念源于博弈论，是以 Lloyd Shapley 的名字命名的用于解决多人合作博弈问题（Cooperative N-person Game）的一种数学方法。当有 N 个人进行某项经济活动时，无论他们以何种组合方式进行合作，都会得到对应的效益。而如果他们的组合方式不再是对抗性合作，当合作中人数增加时也不会导致效益降低，此时所有 N 个人的共同合作将得到最大效益，而夏普利值法就是对这个最大效益进行分配的一种方案。

用数学语言进行描述，可令 N 个人的集合为：

$$I = (1,\ 2,\ \cdots,\ N) \tag{7-1}$$

那么对于 N 个人集合中的任一组合 s（I 的子集）都对应着实值函数 v(s)，并且满足：

$$v(\phi)=0 \tag{7-2}$$

$$v(s_1\cup s_2)\geqslant v(s_1)+v(s_2),\quad s_1\cap s_2=\phi(s_1\subseteq I,\ s_2\subseteq I) \tag{7-3}$$

这里用 G(I，R) 表示 N 个人的合作博弈，v(s) 是合作对策的特征函数，即合作 s 的最大收益。根据 Avinash Dixit 与 Susan Skeath 编著的 Games of Strategy 一书，在一般情况下，如果成员 i 在合作 s 中，则其对 s 的贡献为：

$$v(s)-v(s|\{i\}) \tag{7-4}$$

式中，减号右边的项代表剔除成员 i 以后的合作收益，如果 i 不是 s 中的成员，此时式（7–4）的结果为 0，i 对合作 s 没有贡献。也就是说，i 对合作 s 的贡献即是它对 s 的边际贡献。

如果 i 要在合作 s 中得到收益，那么这个收益不会大于 i 对 s 的贡献。令 k 为合作 s 包含的成员数量，$k=|s|$ 就是合作 s 的规模大小。在集合 I 中存在的包含成员 i 且规模为 k 的合作个数则为 C_{N-1}^{k-1}，它表示在 N–1 个人中选择 k–1 个人员组合总数。那么，成员 i 对所有规模为 k 的合作所做的贡献之和即：

$$\sum_{|s|=k}[v(s)-v(s|\{i\})] \tag{7-5}$$

进一步可以算出成员 i 对规模为 k 合作的平均贡献，即：

$$\frac{1}{C_{N-1}^{k-1}}\sum_{|s|=k}[v(s)-v(s|\{i\})] \tag{7-6}$$

最终，我们可以得到成员 i 在所有规模合作下的平均贡献 u_i，

$$u_i=\sum_{k=1}^{N}\frac{1}{NC_{N-1}^{k-1}}\sum_{|s|=k}[v(s)-v(s|\{i\})] \tag{7-7}$$

由于 $NC_{N-1}^{k-1}=\dfrac{N\times(N-1)!}{(N-1-k+1)!(k-1)}=\dfrac{N!}{(N-k)!(k-1)!}$

(7–8)

因此式（7–7）可以进一步变为：

$$u_i = \sum_{k=1}^{N} \frac{(N-k)!(k-1)!}{N!} \sum_{|s|=k} [v(s) - v(s|\{i\})], \quad (i = 1, 2, \cdots, N) \tag{7-9}$$

式（7-7）和式（7-9）中的平均贡献 u_i 即为成员 i 在 N 个人合作博弈中的收益，也就是成员 i 的夏普利值（Shapley Value）。

以上的数学推导过程清晰地描述了合作博弈中的夏普利值概念，这有利于我们理解 Shorrocks（1999）以及 Wan（2002）发展的基于回归方程的夏普利值不平等分解法的基本思想。

在夏普利值不平等分解法中，需要将收入模型中的某一决定解释变量 X 的样本取均值，然后把这一解释变量的均值与其他变量的值再次代入收入决定函数中，估算出相应的收入数据，并根据这一数据计算收入的不平等状况，将推算出的收入不平等数值记为 M。这时，不平等数值 M 中已经剔除了变量 X 的影响，因此，可以将根据样本收入数据计算出的不平等数值 R 与 M 之间的差记为解释变量 X 对收入不平等的贡献。当 R-M 的差值为正，说明当解释变量 X 取均值后收入差异变小，此时我们就认为变量 X 对收入不平等的贡献为正；相反，当差值为负，说明剔除该变量的影响后，收入的不平等程度上升，变量 X 对收入差距产生了负的贡献，因此是降低收入不平等的因素。

需要注意的是，当运用解释变量 X 的平均值来估算收入不平等程度时，其他自变量的取值也并不唯一，推算出的收入数据也会不同。并且，随着解释变量的增加，夏普利值不平等分解法的计算量也会呈现几何数增加趋势，这对计算的要求会大幅度提高，非人力所能及。为了使夏普利值分解法的应用更加便利，联合国世界发展经济学研究院（UNU-WIDER）开发了一个 Java 程序，该程序将所有变量取值组合都进行了覆盖，并对各种可能组合下解释变量 X 的平均贡献值作为运算的最终结果，所以本章分解地区环境不平等指标时也将采用这一程序[①]。

在应用基于回归方程的夏普利值分解方法时，需要确定回归方程的形式。本书的第四章对样本数据进行估计，得到了中国分省和分区域的三类工业污染物排放强度的回归结果。虽然在前文中工业污染排放强度影响因素模型是线性的，但因变量工业污染排放强度为对数形式，因此就原始数据来说，方程是非线性的。根据夏普利值分解法，在估算模型基础上求解原始工业污染排放差异，常数项或虚拟变量就变成了一个乘数，因此不会对不平等分解产生任何影响（万广华，2004）。此外，由于各不平等指标对应着不同的福利函数，其度量结果和分解结果也会有差异。为不失一般性，本章将采用第三章中估计的基尼系数、泰尔 L 指数和泰尔 T 指数进行环境不平等的夏普利值分解。根据表 6-5 的回归结果，可以得到分省各工业污染物排放强度不平等分解的回归方程：

$$PW = 5.245 - 0.456E - 0.005UR - 0.022INR - 0.123FDI + 0.001OPEN \tag{7-10}$$

$$PG = -0.779 - 0.548E - 0.014UR - 0.020INR - 0.076FDI + 0.012OPEN \tag{7-11}$$

$$PS = 1.356 - 0.269E - 0.004UR - 0.007INR - 0.143FDI + 0.001OPEN \tag{7-12}$$

东中西部三大区域各工业污染物排放强度的不平等回归方程可以根据表 6-6 的回归结果得到：

$$PW = 4.677 - 0.261E - 0.023UR - 0.028INR - 0.002FDI + 0.009OPEN \tag{7-13}$$

$$PG = -0.352 - 0.056E - 0.035UR - 0.032INR - 0.006FDI + 0.002OPEN \tag{7-14}$$

---

① 这里需要特别感谢万广华教授提供这一软件的帮助。

$$PS = 2.307 - 0.364E + 0.028UR - 0.027INR - 0.009FDI + 0.004OPEN \quad (7-15)$$

第二节　省际环境不平等的分解

第五章利用基尼（Gini）系数、泰尔 L 指数（T_0）和泰尔 T 指数（T_1）分别对 1997~2011 年分省工业废气、工业废水以及工业固体废弃物的排放不平等进行了测度。根据式（7-10）~ 式(7-12）的工业污染物排放强度方程，可以分解出分省情况下 1997~2011 年各因素对不同工业污染物排放强度不平等的影响程度，具体的分解结果如表 7-1~表 7-3 所示。

一、工业废水

表 7-1　分省工业废水排放强度不平等的分解（基尼系数，泰尔 L 指数，泰尔 T 指数）

年份	指标	经济发展水平（%）	城镇化率（%）	产业结构（%）	外商直接投资（%）	对外经济依存度（%）
1997	Gini	41.236	13.044	41.975	4.532	-0.788
	T_0	48.393	13.327	37.552	4.965	-4.238
	T_1	44.920	11.989	40.666	6.020	-3.596
1998	Gini	44.795	12.681	37.630	5.732	-0.838
	T_0	53.198	13.100	31.188	6.872	-4.357
	T_1	50.010	11.891	36.190	5.745	-3.836
1999	Gini	48.682	12.912	34.234	5.318	-1.146
	T_0	57.616	13.250	27.703	6.431	-5.000
	T_1	54.862	12.232	32.880	4.598	-4.572
2000	Gini	47.418	11.808	36.616	5.539	-1.381
	T_0	55.522	11.944	31.995	6.352	-5.815
	T_1	52.920	11.123	33.658	7.549	-5.249
2001	Gini	50.166	11.534	32.538	6.961	-1.199
	T_0	59.072	11.530	27.738	7.018	-5.358

续表

年份	指标	经济发展水平（%）	城镇化率（%）	产业结构（%）	外商直接投资（%）	对外经济依存度（%）
2001	T_1	56.170	10.718	30.133	7.707	-4.728
2002	Gini	51.725	13.502	28.961	6.926	-1.113
	T_0	61.537	13.571	23.432	6.884	-5.424
	T_1	58.468	12.794	27.082	6.420	-4.764
2003	Gini	53.577	10.600	29.667	7.554	-1.397
	T_0	63.332	10.493	26.508	6.002	-6.334
	T_1	60.324	10.026	27.077	8.000	-5.427
2004	Gini	53.603	9.425	29.340	8.305	-0.673
	T_0	63.036	8.677	22.144	9.425	-3.281
	T_1	59.851	8.000	24.456	10.493	-2.800
2005	Gini	52.427	8.305	31.236	8.677	-0.644
	T_0	62.238	7.554	23.479	10.026	-3.297
	T_1	58.707	6.926	26.382	10.718	-2.732
2006	Gini	54.264	7.707	27.192	11.123	-0.285
	T_0	64.691	6.961	17.936	12.232	-1.820
	T_1	60.937	6.420	23.528	10.600	-1.484
2007	Gini	55.412	6.872	26.046	11.891	-0.220
	T_0	67.138	6.352	15.380	13.044	-1.915
	T_1	62.425	5.745	20.647	12.681	-1.499
2008	Gini	51.676	6.002	30.840	11.530	-0.048
	T_0	62.297	5.318	20.127	13.128	-0.870
	T_1	57.014	4.598	25.787	13.250	-0.649
2009	Gini	56.313	6.431	25.515	11.808	-0.067
	T_0	67.962	7.018	13.294	12.794	-1.068
	T_1	62.158	5.732	21.344	11.534	-0.768
2010	Gini	54.145	6.884	25.335	13.510	0.127
	T_0	64.429	7.549	17.188	13.327	-2.493
	T_1	58.265	6.020	26.195	11.155	-1.635
2011	Gini	51.085	4.939	30.816	12.912	0.248
	T_0	58.435	5.539	25.899	11.944	-1.817
	T_1	52.581	4.338	30.975	13.248	-1.142
1997~2011	Gini	51.102	9.510	31.196	8.821	-0.628
	T_0	60.593	9.479	24.104	9.363	-3.539
	T_1	56.641	8.570	28.467	9.315	-2.992
	平均贡献度	56.112	9.186	27.922	9.166	-2.387

首先，我们对 1997~2011 年工业废水排放强度不平等的分解结果进行比较。表 7-1 报告的结果显示，在使用的三种衡量工业废水排放强度不平等的指标中，每一个特定的影响因素对排放强度差距的贡献均不相同，这与排放强度不平等测度指标对不同排放强度水平省份的强调不同有较大关系。例如 2003 年，利用泰尔 L 指数进行测度时，对外经济依存度对工业废水排放强度不平等的贡献程度大于外商直接投资水平，排名第四；而利用泰尔 T 指数和基尼系数进行测度时，其排名降为第五，表明在 2003 年工业废水排放强度低的省市变动较大。虽然个别年份，不同的影响因素对工业废水排放强度的影响有差别，但可以看到，尽管使用了不同的不平等度量指标，每种影响因素对工业废水排放强度的贡献度排序变化并不会有巨大差异。

在 1997~2011 年的整个观测时期内，排序第一的影响因素是由人均国内生产总值代表的经济发展水平变量，无论是从每一年的贡献度还是从平均贡献程度的排序上看，经济发展水平始终是影响工业废水排放强度不平等的第一要素。这一变量对工业废水排放强度不平等的贡献程度达到了 41.236%~67.962%，平均贡献率高达 56.112%，能够解释 1/2 以上的省际工业废水排放强度差异。经济发展水平因素对工业废水排放强度不平等的极大贡献说明，地区资金充裕度造成的能源利用水平差异始终存在。经济发展程度较高的地区，拥有较为充裕的资金，能够负担先进的生产设备和污染处理配套设施，生产单位工业产值产品所排放的工业废水相对较低；经济发展程度较低的地区，资金量较小，生产设备和配套设施也较落后，其工业废水排放强度与经济发展水平较高的地区会有很大差距，这也印证了第三章中分省情况下工业废水排放强度显示的各省市排序状况。从变化趋势上看，经济发展水平因素对工业废水排放强度不平等的贡献度有较为缓慢的上升过程，到 2007 年已经能解释全部工业废水排放强度差异的 62%。这反映了随着中国整体经济发展的复苏，地区经济发展水平的影响越来越重要，使得原本就存在的地区工业废水排放强度差异难以明显缩小。

从基尼系数、泰尔 L 指数和泰尔 T 指数的分解结果可以明显看出，工业产值占比代表的产业结构变量是影响各省市工业废水排放强度不平等的第二位因素。1997~2011 年，产业结构对各省市工业废水排放强度差异的贡献度为 13.294%~41.975%，平均贡献度达到 27.922%，能够解释全部不平等的近 1/3。需要注意的是，产业结构对工业废水排放强度差异的平均贡献率从 1997 年起逐渐下降，直到 2008 年又开始小幅回升，说明产业结构对各省市间工业废水排放强度差异的影响存在强转弱再转强的趋势，值得进一步关注。影响工业废水排放强度不平等的第三大因素则比较难以区分，城镇化率以及外商直接投资水平贡献率分别达到了 4.338%~13.327%以及 4.532%~13.510%，年平均贡献度分别为 9.186%和 9.166%。如果考虑估计误差，两者的贡献度相差无几，因此均可被视为第三大影响因素。值得注意的是两者贡献度的变化趋势，1997~2003 年，城镇化率的贡献度一直大于外商直接投资，而从 2004 年开始却出现了反转，外商直接投资对工业废水排放强度差异的贡献率超越了城镇化率，并逐年提升。这也是容易理解的，随着中国加入世贸组织和全球经济一体化的深入，外资进驻产生的技术溢出效应逐渐明显，这显示出外商直接投资引发的不同地区间工业废水排放强度的分化在加剧。经济发展的对外依存程度始终是第五位影响因素，在用基尼系数、泰尔 L 及泰尔 T 指数进行分解时，它甚至起到了降低工业废水排放强度差异的作用，但在整个观测期内它的平均贡献度仅为–2.387%，作用较微弱，实际上，在第四章中估计工业废水排放强度影响方程时，经济的对外依存度也是一个不显著的影响因素，因此这里分解的结果与方程的估计结果相互对应。

二、工业废气

表 7–2　分省工业废气排放强度不平等的分解（基尼系数、泰尔 L 指数、泰尔 T 指数）

年份	指标	经济发展水平（%）	城镇化率（%）	产业结构（%）	外商直接投资（%）	对外经济依存度（%）
1997	Gini	37.706	20.858	23.261	15.660	2.515
	T_0	43.885	20.942	18.828	13.188	3.158
	T_1	68.708	13.640	14.265	3.129	0.259
1998	Gini	33.912	21.569	23.160	17.958	3.401
	T_0	36.398	23.117	17.319	18.935	4.231
	T_1	64.408	15.484	12.264	6.212	1.632
1999	Gini	33.029	22.588	21.044	20.551	2.788
	T_0	33.159	24.479	14.901	23.921	3.541
	T_1	66.302	16.076	8.671	8.355	0.596
2000	Gini	37.084	21.379	22.858	15.301	3.378
	T_0	44.179	21.117	15.471	15.661	3.573
	T_1	79.084	13.292	6.398	–0.610	1.836
2001	Gini	31.042	22.786	23.232	20.794	2.146
	T_0	25.777	24.680	18.943	27.401	3.200
	T_1	59.486	17.045	11.987	11.325	0.157
2002	Gini	34.693	25.060	19.156	17.711	3.381
	T_0	32.630	27.938	12.835	23.052	3.545
	T_1	69.556	19.168	6.304	4.602	0.369
2003	Gini	42.277	18.576	21.618	15.537	1.993
	T_0	53.634	10.912	15.263	16.614	3.578
	T_1	64.236	16.358	5.430	11.298	2.678
2004	Gini	42.516	19.647	26.192	10.511	1.135
	T_0	58.866	10.805	18.981	8.889	2.459
	T_1	51.568	17.858	25.572	4.771	0.232
2005	Gini	43.617	19.344	27.504	8.160	1.375
	T_0	51.631	22.918	27.068	–4.959	3.343
	T_1	56.611	18.741	26.485	–2.265	0.427
2006	Gini	52.367	12.271	27.451	6.685	1.226
	T_0	46.854	20.417	23.050	6.758	2.920
	T_1	65.143	18.825	25.420	–6.588	–2.800
2007	Gini	53.226	16.488	27.239	2.687	0.360
	T_0	56.268	18.981	21.704	0.682	2.365
	T_1	66.878	17.014	24.783	–8.551	–0.124

续表

年份	指标	经济发展水平（%）	城镇化率（%）	产业结构（%）	外商直接投资（%）	对外经济依存度（%）
2008	Gini	53.510	14.522	30.984	0.773	0.211
	T_0	59.664	15.618	23.031	0.285	1.402
	T_1	63.265	14.297	27.808	-4.556	-0.815
2009	Gini	57.132	14.346	27.077	1.134	0.311
	T_0	63.740	18.739	17.156	-1.033	1.398
	T_1	66.939	15.656	22.935	-3.515	-2.015
2010	Gini	38.956	13.890	30.294	15.540	1.320
	T_0	43.896	9.873	33.139	9.524	3.568
	T_1	58.614	17.016	28.409	-3.642	-0.398
2011	Gini	38.243	9.628	35.145	16.039	0.946
	T_0	39.654	6.377	40.572	11.715	1.682
	T_1	52.871	11.468	35.600	2.184	-2.124
1997~2011	Gini	41.954	18.197	25.748	12.336	1.766
	T_0	47.878	19.276	20.571	9.862	2.413
	T_1	61.716	15.314	19.469	2.990	0.512
	平均贡献度	50.516	17.596	21.929	8.396	1.564

从表 7-2 中报告的各年度分省工业废气排放强度不平等的分解结果可以看出，各因素的贡献度排序在部分年度会出现反复。1997 年，运用基尼系数和泰尔 T 指数进行不平等分解时，产业结构的贡献度排序第二，而运用泰尔 L 指数，其排序下降至第三。在整个样本期内，类似的情况还有很多，但这并不影响各因素对工业废水排放强度差异贡献的整体排序。1997~2011 年，贡献度名第一的影响因素是经济发展水平，其贡献度为 25.777%~79.084%，15 年的平均贡献度为 50.516%，解释了各省市间工业废气排放强度差异的 1/2。并且，随着时间推移，经济发展水平对排放强度差异的贡献越来越显著，这一点与各省市间工业废水排放强度不平等的分解是相同的。

虽然经济发展水平因素对各省市间工业废水排放强度差异有极大影响，但并不意味着可以忽视其他的影响因素。剩下接近 1/2 的差异是由其他因素共同决定的，包括城镇化率、产业结构、外商直接投资水平和对外经济依存度。其中，处于第二位的影响因素是产业结构，其贡献度为 5.430%~40.572%，平均贡献率为 21.929%，能够解释分省工业废气排放强度不平等的 1/5。之后，排在第三位的影响因素是城镇化率，它的平均贡献度为 17.596%。1997~2003 年，城镇化率的贡献度为 10.912%~27.938%，是这一时期排序第二的影响因素。从 2004 年开始，产业结构因素的影响凸显，城镇化率的贡献被其反超，而城镇化率对工业废气排放强度差异的影响也有所下降。外商直接投资则明显地成为影响排放差异的第四位因素，其贡献度在−8.551%~27.401%的范围内变化，在整个观测期内波动较大，平均贡献度为 8.396%。此外可以看出，2005~2010 年，在以泰尔指数 T_0 或 T_1 进行不平等分解时，外商直接投资水平对工业废气排放强度不平等的缩小有一定作用。排在第五位的因素依然为对外经济依存度，其贡献度为−2.800%~4.231%，平均贡献度为 1.564%，从 1997~2011 年的整体数据上看，对外经济依存度对工业废气排放强度差异的影响基本可以忽略。

三、工业固体废弃物

表 7−3 的结果表明，与工业废水和工业废气排放强度不平等的分解结果类似，经济发展水平仍然是影响各省市间工业固体废弃物排放强度不平等的首要因素。1997~2011 年的整个观测期内，经济发展水平的贡献度达到了 35.473%~64.332%，平均贡献度为 51.538%，对工业固体废弃物排放强度差异的贡献度随时间变化越来越大，在 2009 年和 2010 年的平均贡献份额均高达 59%。

表 7−3 分省工业固体废弃物排放强度不平等的分解（基尼系数、泰尔 L 指数、泰尔 T 指数）

年份	指标	经济发展水平（%）	城镇化率（%）	产业结构（%）	外商直接投资（%）	对外经济依存度（%）
1997	Gini	36.975	23.907	25.827	13.522	−0.231
	T_0	42.468	25.882	20.652	13.150	−2.151
	T_1	41.517	25.283	21.750	12.457	−1.007

续表

年份	指标	经济发展水平（%）	城镇化率（%）	产业结构（%）	外商直接投资（%）	对外经济依存度（%）
1998	Gini	35.473	22.671	23.641	18.999	-0.785
	T_0	46.305	24.503	18.078	13.950	-2.835
	T_1	45.502	23.927	19.073	14.000	-2.502
1999	Gini	38.873	22.195	21.274	18.990	-1.331
	T_0	49.532	23.471	16.721	13.988	-3.712
	T_1	48.909	22.962	17.481	13.990	-3.341
2000	Gini	38.593	20.262	24.116	19.990	-2.961
	T_0	49.481	21.609	20.709	12.822	-4.621
	T_1	48.620	21.127	21.458	13.097	-4.302
2001	Gini	41.292	19.248	22.125	18.891	-1.556
	T_0	52.316	20.204	18.366	12.581	-3.467
	T_1	51.379	19.699	19.180	13.388	-3.647
2002	Gini	41.074	21.752	19.475	20.155	-2.457
	T_0	52.352	22.818	15.283	12.984	-3.436
	T_1	51.372	22.236	16.196	10.956	-0.760
2003	Gini	45.642	17.127	20.440	21.337	-4.547
	T_0	57.807	17.873	17.383	7.979	-1.042
	T_1	56.550	17.514	17.951	9.775	-1.790
2004	Gini	46.227	15.365	20.185	19.947	-1.725
	T_0	56.316	14.998	15.548	16.289	-3.151
	T_1	55.368	14.679	16.351	16.623	-3.022
2005	Gini	46.742	13.875	21.248	19.651	-1.516
	T_0	57.209	13.518	16.233	16.587	-3.547
	T_1	56.140	13.180	17.049	17.096	-3.465
2006	Gini	48.587	12.664	19.703	19.507	-0.461
	T_0	58.622	12.060	13.165	20.019	-3.864
	T_1	57.619	11.786	14.123	20.319	-3.847
2007	Gini	50.677	11.312	18.853	19.623	-0.465
	T_0	62.342	11.105	10.639	19.989	-4.075
	T_1	60.815	10.808	12.015	20.711	-4.349
2008	Gini	48.739	10.109	21.496	19.991	-0.335
	T_0	60.977	9.919	11.143	19.983	-2.022
	T_1	59.025	9.605	13.171	20.985	-2.786
2009	Gini	52.065	10.863	17.472	20.999	-1.400
	T_0	62.934	12.395	7.043	20.991	-3.363
	T_1	61.278	11.580	9.188	20.986	-3.032

续表

年份	指标	经济发展水平（%）	城镇化率（%）	产业结构（%）	外商直接投资（%）	对外经济依存度（%）
2010	Gini	50.453	11.981	17.971	19.991	-0.396
	T_0	64.332	14.508	7.389	16.987	-3.216
	T_1	61.990	13.458	9.790	17.108	-2.346
2011	Gini	48.739	10.109	21.496	20.335	-0.679
	T_0	60.977	9.919	11.143	20.211	-2.249
	T_1	59.025	9.605	13.171	20.888	-2.690
1997~2011	Gini	44.677	16.230	21.021	19.462	-1.389
	T_0	55.598	16.985	14.633	15.901	-3.117
	T_1	54.341	16.497	15.863	16.158	-2.859
	平均贡献度	51.538	16.571	17.172	17.174	-2.455

各省市间工业固体废弃物排放强度不平等的第二位贡献因素则并不明显，城镇化率、产业结构以及外商直接投资水平这三个因素的平均贡献程度分别为16.571%、17.172%和17.174%，几乎没有太大差异。从变动趋势上看，城镇化率和产业结构这两个因素的贡献度在1997~2002年分别排序第二位和第三位，在2003年产业结构反超城镇化率成为工业固体废弃物排放强度差异的第二大影响因素。从2004年起，外商直接投资水平则超越了城镇化率和产业结构的贡献度，成为第二大影响因素，后两者的贡献度却呈现出逐年弱化的趋势。从整个时期看，难以区分谁的影响更大，并且3个因素的贡献总和高达50.91%，因此可以说这3个因素都是影响省市间工业固体废弃物排放强度不平等的重要因素。对外经济依存度的贡献仍然最小，平均贡献度为-2.455%，有微弱的缩小差距作用。

第三节　东中西部三大区域间环境不平等的分解

前文对各省市间三类工业污染物的排放强度进行了不平等分解。从东中西部三大区域看，可以分为各区域内部的不平等分解以及区域间的不平等分解。而区域内部的不平等分解与各省市间的不平等分解类似，只是省份数量有所减少，因此本节将重点关注区域间三类工业污染物的排放强度不平等分解。同样，这里利用基尼系数、泰尔 L 指数和泰尔 T 指数来测度区域间的工业污染排放强度不平等，然后分别根据式（7–13）~ 式（7–15）相应对工业废水、工业废气以及工业固体废弃物的排放强度不平等进行分解，最终结果如表 7–4~表 7–6 所示。

一、工业废水

表 7–4　分区域工业废水排放强度不平等的分解

年份	指标	经济发展水平（%）	城镇化率（%）	产业结构（%）	外商直接投资（%）	对外经济依存度（%）
1997	Gini	76.017	7.610	7.682	5.540	3.152
	T_0	76.428	7.391	7.442	5.607	3.132
	T_1	76.433	7.392	7.443	5.614	3.119
1998	Gini	76.570	7.452	7.414	5.551	3.012
	T_0	76.926	7.249	7.219	5.584	3.022
	T_1	76.932	7.250	7.220	5.563	3.036
1999	Gini	76.812	7.342	7.330	5.495	3.021
	T_0	77.090	7.155	7.201	5.388	3.165
	T_1	77.100	7.155	7.198	5.272	3.276
2000	Gini	76.659	7.242	7.518	5.296	3.285
	T_0	76.910	7.074	7.394	5.302	3.320
	T_1	76.923	7.074	7.389	5.312	3.302
2001	Gini	76.900	7.163	7.423	5.296	3.219
	T_0	77.146	7.010	7.292	5.360	3.192

续表

年份	指标	经济发展水平（%）	城镇化率（%）	产业结构（%）	外商直接投资（%）	对外经济依存度（%）
2001	T_1	77.158	7.010	7.288	5.362	3.182
2002	Gini	77.107	7.122	7.259	5.365	3.147
	T_0	77.457	6.853	7.141	5.367	3.182
	T_1	77.461	6.862	7.137	5.365	3.175
2003	Gini	76.908	7.273	7.275	5.371	3.172
	T_0	77.055	7.178	7.186	5.378	3.203
	T_1	77.083	7.169	7.176	5.374	3.197
2004	Gini	77.345	7.151	7.199	5.453	2.853
	T_0	77.516	7.052	7.105	5.466	2.861
	T_1	77.540	7.044	7.096	5.443	2.877
2005	Gini	77.513	6.983	7.168	5.440	2.895
	T_0	77.595	6.889	7.156	5.437	2.923
	T_1	77.626	6.885	7.138	5.431	2.921
2006	Gini	78.129	6.885	6.802	5.421	2.763
	T_0	78.167	6.813	6.822	5.333	2.865
	T_1	78.198	6.807	6.804	5.323	2.869
2007	Gini	78.453	6.782	6.579	5.554	2.632
	T_0	78.497	6.726	6.579	5.556	2.643
	T_1	78.524	6.718	6.566	5.552	2.640
2008	Gini	78.858	6.715	6.326	5.560	2.541
	T_0	78.909	6.671	6.311	5.568	2.540
	T_1	78.927	6.663	6.306	5.563	2.541
2009	Gini	78.935	6.854	6.097	5.549	2.565
	T_0	78.965	6.822	6.090	5.546	2.576
	T_1	78.988	6.806	6.089	5.562	2.555
2010	Gini	79.007	6.796	5.907	5.612	2.678
	T_0	79.021	6.846	5.785	5.595	2.752
	T_1	79.055	6.819	5.794	5.590	2.741
2011	Gini	79.211	6.690	5.846	5.710	2.542
	T_0	79.329	6.771	5.571	5.596	2.734
	T_1	79.343	6.751	5.594	5.698	2.615
1997~2011	Gini	77.628	7.071	6.922	5.481	2.898
	T_0	77.801	6.967	6.820	5.472	2.941
	T_1	77.819	6.960	6.816	5.468	2.936
	平均贡献度	77.749	6.999	6.852	5.474	2.925

东中西部三大区域间工业废水排放强度差异的分解结果显示，与各省市间工业废水排放强度不平等的分解结果类似，经济发展水平 E 依然毫无疑问地成为第一大影响因素，但可以明显看出，其贡献度有了较大幅度的提高。1997~2011 年，经济发展水平的贡献度为 76.017%~79.343%，平均贡献度为 77.749%。此外，在整个时期内，其贡献度呈现逐年提升的趋势，并没有出现明显的阶段性。与分省情况相比，经济发展差距对区域间工业废水排放强度不平等的贡献更大，能够解释不平等的 3/4。也就是说，区域间工业废水的排放差异基本能够通过不同区域的经济发展水平差距来解释，这与分省情况有较大不同。

剩下 1/4 的不平等由城镇化率、产业结构、外商直接投资水平以及对外经济依存度四个因素共同解释。其中，城镇化率与产业结构的贡献度相差较小，15 年的平均贡献度分别为 6.999%和 6.852%，如果考虑估计误差，两个因素间的贡献度差异几乎可以忽略，因此两者均可被视为影响区域间工业废水排放强度差异的第二大影响因素。从变动趋势上看，两者的贡献度与经济发展水平相反，随时间推移逐渐下降。而外商直接投资水平则影响工业废水排放强度差异的第四位因素，其贡献度并没有发生太大的变化，基本在 5.474%左右。对外经济依存度为第五位因素，它对区域间工业废水排放强度不平等的贡献为 2.540%~3.320%，平均贡献仅有 2.925%，有一定扩大区域间工业废水排放强度差异的作用，这与分省的情况刚好相反。值得注意的是，在 1999 年，当以泰尔 L 指数和泰尔 T 指数进行不平等分解时，产业结构排名第二，而以基尼系数进行不平等分解时，产业结构排名第三，这说明中部地区的工业废水排放强度变化较大。

二、工业废气

表 7-5 的结果表明，在使用基尼系数、泰尔 L 指数和泰尔 T 指数

进行工业废气不平等分解时，每个影响因素对排放强度差距的贡献均不相同。在某些年份，影响因素的排序出现了变化，例如 2001 年，利用基尼系数进行测度时，产业结构的贡献度排名第三，而用泰尔 L 指数和泰尔 T 指数进行测度时，排名下降为第四。而 2002 年，在用基尼系数进行测度时，外商直接投资水平的贡献度排名第三，在用泰尔 L 指数和泰尔 T 指数进行测度时，其贡献度排名上升到第二。在两个年度，不同影响因素贡献度排序的变化均说明中部地区的排放强度变化较大。类似的情况还有很多，需要指出的是，尽管在不平等分解使用了不同的度量指标，但基本上每种影响因素对工业废水排放强度的贡献度排序并未出现太大变化。

1997~2011 年，区域间工业废气排放强度的首要影响因素为经济发展水平，其贡献度为 76.229%~89.608%，平均贡献度为 83.953%，与分省情况相比提高了 33.437%，能够解释区域间工业废气排放强度差异的 4/5，并且贡献度逐年提升，这是值得注意的趋势。城镇化率、外商直接投资以及工业产值占比代表的产业结构因素分别名列第二、第三和第四位，它们的平均贡献分别为 5.563%、4.086%和 3.245%，在整个时期内，这三种影响因素的贡献总和平均为 12.893%。而从 2010 年开始，产业结构的贡献度由正变负，说明其对区域间工业废气排放强度差异的缩小有一定作用。经济的对外依存水平依然为第五位影响因素，较分省情况，其贡献率有一定增加。

表 7-5　分区域工业废气排放强度不平等的分解

年份	指标	经济发展水平（%）	城镇化率（%）	产业结构（%）	外商直接投资（%）	对外经济依存度（%）
1997	Gini	76.229	8.002	6.062	6.501	3.206
	T_0	77.352	7.081	5.296	7.246	3.026
	T_1	77.356	7.086	5.301	7.246	3.012
1998	Gini	79.038	7.365	5.116	5.243	3.239
	T_0	80.093	6.457	4.465	5.752	3.232
	T_1	80.098	6.462	4.469	5.740	3.232

续表

年份	指标	经济发展水平（%）	城镇化率（%）	产业结构（%）	外商直接投资（%）	对外经济依存度（%）
1999	Gini	80.314	6.828	4.840	4.803	3.215
	T_0	81.166	5.942	4.407	5.239	3.246
	T_1	81.175	5.946	4.407	5.224	3.248
2000	Gini	79.489	6.184	5.617	5.508	3.202
	T_0	80.201	5.372	5.198	6.024	3.204
	T_1	80.214	5.376	5.197	6.012	3.201
2001	Gini	80.856	5.817	5.283	5.179	2.865
	T_0	81.574	5.080	4.833	5.312	3.201
	T_1	81.587	5.083	4.833	5.215	3.282
2002	Gini	81.757	5.568	4.604	4.887	3.185
	T_0	82.897	4.311	4.252	5.395	3.145
	T_1	82.900	4.328	4.251	5.407	3.114
2003	Gini	80.550	6.465	4.618	5.215	3.152
	T_0	80.845	6.007	4.296	5.532	3.319
	T_1	80.873	6.003	4.293	5.552	3.279
2004	Gini	83.840	5.981	4.463	2.643	3.072
	T_0	84.347	5.514	4.138	3.277	2.724
	T_1	84.369	5.510	4.134	3.020	2.967
2005	Gini	84.497	4.985	4.400	3.021	3.098
	T_0	84.668	4.496	4.399	3.354	3.083
	T_1	84.697	4.496	4.387	3.327	3.092
2006	Gini	85.192	5.596	3.866	2.245	3.102
	T_0	85.259	5.215	3.998	2.268	3.260
	T_1	85.287	5.212	3.984	2.264	3.252
2007	Gini	86.750	5.020	2.822	2.196	3.212
	T_0	86.826	4.727	2.854	2.177	3.416
	T_1	86.853	4.723	2.845	2.159	3.420
2008	Gini	89.329	4.707	1.615	1.284	3.065
	T_0	89.491	4.491	1.567	1.375	3.077
	T_1	89.508	4.486	1.564	1.358	3.084
2009	Gini	89.352	5.648	0.477	1.484	3.040
	T_0	89.394	5.515	0.452	1.534	3.105
	T_1	89.418	5.502	0.452	1.524	3.104
2010	Gini	88.048	5.310	−0.499	4.121	3.020
	T_0	87.824	5.636	−1.088	4.473	3.155
	T_1	87.874	5.611	−1.081	4.482	3.114

续表

年份	指标	经济发展水平（%）	城镇化率（%）	产业结构（%）	外商直接投资（%）	对外经济依存度（%）
2011	Gini	89.337	4.835	-0.963	3.566	3.226
	T_0	89.575	5.187	-2.218	4.247	3.209
	T_1	89.608	5.170	-2.198	4.228	3.192
1997~2011	Gini	83.638	5.887	3.488	3.860	3.127
	T_0	84.101	5.402	3.123	4.214	3.160
	T_1	84.121	5.400	3.122	4.184	3.173
	平均贡献度	83.953	5.563	3.245	4.086	3.153

三、工业固体废弃物

表 7-6 的结果表明，在整个观测期内，经济发展水平一直为影响区域间工业固体废弃物排放强度不平等的决定性因素。1997~2009 年，其影响力越来越强，贡献度在 2009 年达到了最高值 80.269%，而从 2010 年开始，虽然贡献度有所下降，但是在 15 年内经济发展水平的平均贡献率也高达 78.876%，与分省情况相比，解释力有较大幅度上升。

表 7-6 分区域工业固体废弃物排放强度不平等的分解

年份	指标	经济发展水平（%）	城镇化率（%）	产业结构（%）	外商直接投资（%）	对外经济依存度（%）
1997	Gini	77.592	4.410	6.925	7.064	4.008
	T_0	77.798	3.781	7.000	7.423	3.998
	T_1	77.827	3.781	7.001	7.329	4.063
1998	Gini	78.055	4.495	6.777	6.565	4.109
	T_0	78.268	3.905	6.847	6.857	4.123
	T_1	78.297	3.905	6.847	6.783	4.169
1999	Gini	78.182	4.542	6.740	6.478	4.058
	T_0	78.368	3.987	6.836	6.701	4.108
	T_1	78.401	3.988	6.832	6.644	4.136
2000	Gini	77.828	4.548	6.859	6.632	4.134
	T_0	77.945	4.060	6.968	7.012	4.015
	T_1	77.985	4.061	6.963	6.881	4.110
2001	Gini	78.073	4.570	6.797	6.477	4.083
	T_0	78.191	4.115	6.898	6.821	3.975

续表

年份	指标	经济发展水平（%）	城镇化率（%）	产业结构（%）	外商直接投资（%）	对外经济依存度（%）
2001	T_1	78.231	4.117	6.892	6.805	3.956
2002	Gini	78.024	4.670	6.730	6.433	4.143
	T_0	78.167	4.263	6.788	6.732	4.050
	T_1	78.223	4.253	6.783	6.719	4.022
2003	Gini	78.157	4.541	6.712	6.492	4.097
	T_0	78.319	3.964	6.826	6.793	4.098
	T_1	78.367	3.977	6.816	6.747	4.094
2004	Gini	78.906	4.583	6.668	5.648	4.194
	T_0	79.091	4.072	6.772	5.932	4.133
	T_1	79.124	4.084	6.762	5.745	4.286
2005	Gini	78.686	4.660	6.674	5.571	4.409
	T_0	78.811	4.218	6.804	5.878	4.289
	T_1	78.864	4.226	6.785	5.643	4.482
2006	Gini	79.324	4.737	6.446	5.150	4.343
	T_0	79.506	4.284	6.571	5.211	4.428
	T_1	79.543	4.294	6.552	5.194	4.417
2007	Gini	79.425	4.770	6.318	5.125	4.361
	T_0	79.595	4.363	6.401	5.463	4.178
	T_1	79.630	4.375	6.387	5.427	4.181
2008	Gini	79.779	4.842	6.160	4.878	4.342
	T_0	80.024	4.411	6.216	4.976	4.372
	T_1	80.037	4.424	6.210	4.921	4.407
2009	Gini	79.836	4.887	6.044	4.725	4.508
	T_0	80.266	4.279	6.063	4.856	4.536
	T_1	80.269	4.303	6.062	4.814	4.553
2010	Gini	79.448	4.824	5.964	5.294	4.470
	T_0	79.771	4.266	5.853	5.432	4.679
	T_1	79.802	4.303	5.863	5.304	4.729
2011	Gini	79.538	4.842	5.936	4.765	4.919
	T_0	79.913	4.330	5.707	5.284	4.765
	T_1	79.942	4.360	5.731	5.146	4.821
1997~2011	Gini	78.724	4.661	6.517	5.820	4.279
	T_0	78.936	4.153	6.570	6.091	4.250
	T_1	78.969	4.163	6.566	6.007	4.295
	平均贡献率	78.876	4.326	6.551	5.973	4.274

比较其他 4 个影响因素的贡献度可以发现，与经济发展水平的贡献逐渐提升相反，产业结构与外商直接投资水平的贡献度逐年下降。产业结构的贡献平均为 6.551%，为第二位影响因素。外商直接投资水平的贡献平均为 5.973%，是第三位的影响因素。城镇化率与经济对外依存度的贡献则基本没有太大变动，分别维持在 4.326%和 4.274%的水平，是影响分区域工业固体废弃物排放强度差异的第四和第五位因素。综合来看，这 4 个影响因素的总体贡献度平均为 21.124%，虽然仅能够解释区域间工业固体废弃物排放差异的 1/5，但其总体作用仍然不能忽视。

四、结论

从以上实证结果可以看出，无论以分省还是东中西部三大区域的视角对分地区环境不平等进行分解，都可以发现：影响地区间工业废水、工业废气以及工业固体废弃物排放强度不平等的决定性因素为经济发展水平。从分省角度看，经济发展水平对工业三废排放强度不平等的贡献程度均达到了 50%以上，而从东中西部三大区域的角度讲，经济发展水平的贡献度甚至达到了 76%以上。虽然经济发展水平的贡献如此重要，但其仍然不能解释剩余部分的工业污染排放强度不平等。产业结构、城镇化率以及外商直接投资水平是影响地区间工业污染排放强度不平等的第二梯队因素，它们对工业三废排放强度不平等的贡献率从分省和分区域角度来看分别为近 50%和 16%。影响地区间工业废水、工业废气以及工业固体废弃物排放强度不平等的最末位因素是经济发展的对外依存程度。无论从省市还是区域上看，对外经济依存度始终是第五位影响因素。在分省和分区域情况下，其平均贡献度分别为 2%和 3%左右，这里分解的结果与其在回归方程的估计结果是相互对应的。

第八章　政府环境规制与地区环境不平等

如果说经济发展造成了环境污染，在当前中国的体制机制下，控制和治理环境污染最为理想有效的途径仍然是政府环境规制。政府环境规制的主要形式是环境污染治理投入，其实施效果会影响各地区的环境污染状况，进而使地区环境不平等产生相应变化。从理论上讲，政府环境规制的有效实施能够降低环境污染，从而进一步缩小地区间环境污染差异。在污染治理过程中，环境规制的实施效果会受到来自不同省市、地区经济结构、技术水平以及发展程度差异的影响。因此，要评价政府环境治理效率，就必须兼顾这些客观存在的差异化经济因素。本章将针对政府环境规制的实施效率来探讨其对地区环境不平等的影响。

第一节　现行的政府环境规制

一般而言，政府通常采取行政命令手段或相应法律法规对企业或个人的环境污染行为施加行政干预和影响以控制环境污染，最为常见的表现形式是各类环境标准的颁布。如果企业违反了相应的环境标准，政府部门将按照企业排污的违规程度和违规性质进行处罚，有可能是经济性处罚，如对违规企业处以不同程度和数目的行政罚款，加倍收取超过环境标准污染物的排污费；还有可能是民事或刑事责任处罚，责令违规企业停业或关闭，并追究其直接的民事或刑事责任。然而，这种处罚具有事后性，未能实现监管成本的降低和监管效率的提升，因此近年来，国内政府环境规制主要通过以下三类途径实现环境保护和污染治理：

第一类是排污收费。排污收费制度的基础思想是庇古税——通过政府调节市场机制来实现帕累托最优。经由政府通过征税或补贴来校正当事企业的私人成本，由外部不经济的制造者承担全部外部费用，以弥补私人成本和社会成本之间的差距。与环境标准管制手段相比，排污收费制度的优点在于较大幅度提高了经济效率，只需根据污染企业的生产规模实行征收办法，确定哪些类别产品的生产会导致环境污染，因此相较于确定企业污染排放量是否超标，政府所需要的交易成本更低。此外，排污收费对污染控制技术革新也有促进作用，一旦政府根据企业污染物排放量或其生产规模征收排污费，即便当企业的排污并未超过标准，也必须缴纳一定数量的排污费用，因而企业会有积极性来不断寻求低成本的污染治理技术，以达到减少缴纳排污费的目的。目前，排污收费制度仍然是且主要是中国政府实施环境保护和治理的重要手段。

第二类是排污权交易。排污权交易是当前全世界备受关注的环境政策之一，它的基础理论是“科斯定理”。1968 年，Dales 在《污染、财富与代价》中首次提出建立“污染许可证”制度作为政府的环境政策工具，以通过利用市场机制解决环境污染问题。最终，他的提议被美国国家环境保护局（EPA）采纳，并用于大气污染源及河流污染源的行政管理。在美国之后，德国、英国以及澳大利亚等国家也相继进行了排污权交易的政策实践。通常来说，对于排污许可证的制定和交易，一般的做法是首先需要政府部门确定出一定区域的环境质量目标，根据此目标对该区域的环境容量做出评估，并进一步推算出此区域内污染物的最大允许排放量，然后将最大允许排放量分割成若干规定的排放量，即若干排污权。分割完毕后，政府可选择公开竞价拍卖、定价出售或无偿分配等方式分配这些权利，并通过建立排污权交易市场来保证其能够合法地进行买卖。在排污权市场上，排污企业从其自身利益出发决定其污染治理程度，买入或卖出排污权。因此，与排污收费相比，排污权交易更能充分发挥市场的资源配置作用。虽然排污许可证具有诸多优点，但中国国内对其应用实施的时间较晚，直到2008年才在全国实施。而且实施后也存在一系列的问题，如将许可证视为"注册证"，忽略其发挥作用的条件和规范性等，这些问题也使得不少学者对污染许可证在国内的交易以及其效力产生大量争论和质疑。

第三类是环境污染治理投资。如果排污收费制度和污染许可证制度是希望通过市场机制从而减少企业污染排放，那么，环境污染治理投资更类似于环境污染的补偿性规制设计，它主要针对工业污染源治理、城市环境基础设施建设以及建设项目"三同时"环保投资，是政府应对产生的环境污染所作的政策保障。中国针对环境污染治理的物质资本和人力资本投入从20世纪80年代开始均有不同程度的增加。其中，国家对环境保护资金的投入不仅逐年稳步上升，而且在"十一五"规划中的计划环保投资总额达到了1.54万亿元。特别地，"十二五"较"十一五"期间的投资额上升121%，达到3.1万亿元。根据中国国家统计局的统计数据，环境污染治理投资用于城市环境基础设施建设的投资比例最大，而这部分投资主要用于城市生活垃圾处理、城市污水处理以及城市集中供热。

在以上途径中，排污收费制度和环境污染治理投资是中国政府长期应用的环境规制，而排污许可证制度在中国应用实践时间较短，且其立法完善性、实施有效性以及企业参与性等方面尚存在诸多问题，因此在本章中，主要考虑排污收费和环境污染治理投资这两类政府环境规制对地区环境不平等的影响。此外，由于中国环境不平等问题的相关研究起步较晚，论及政府环境规制与地区环境不平等关系的文献则相对较少。其中，钟茂初和闫文娟（2012）在研究地区工业废水排放时，在控制变量中加入了废水治理投资这一变量，其研究结果发现，废水治理投资对减少工业废水排放有显著作用，能够解释6%左右的地区废水排放不平等。然而与之不同的是，本书的研究对象涉及工业废水、工业废气以及工业固体废弃物三类污染物的排放，而政府环境规制则包含了排污收费和环境污染治理投资，其中排污收费是反映工业污染排放控制的主要政策手段，而环境治理投资覆盖的面则更广，不仅包含对工业污染排放的治理控制，还包括城市环境基础设施建设，在变量上涉及较多的因变量和自变量，这限制了我们不能够通过一个回归方程对变量间的相互关系进行探讨和论证。

因此对本书而言，数据包络分析方法（DEA）是较为合适的选择，它能够将涉及的所有变量包括进来，并通过设定投入产出前沿面来反映不同地区政府环境规制对环境污染治理的实施效果，这是回归分析不能实现的优点。但其缺点是不能直接量化不同变量间的数量或因果关系，只能通过效率大小说明政府环境规制实施的有效性，以此判断不同地区的政府环保绩效，从而进一步间接讨论其对地区环境不平等的影响。同时需注意的是，已有文献对环境治理效率的研究（刘立秋和刘璐，2000；颜伟和唐德善，2007；刘纪山，2009）均未能剔除宏观环境因素以及随机误差的影响，使得效率值无法客观体现决策单元的管理水平。为此，要从整体上把握中国政府环境规制的实施现状，除了要正视省市资源要素禀赋差异巨大的事实并兼顾区域发展不平衡的实际情况外，还需借助DEA三阶段模型来研究环境污染治理绩效。

第二节 地区环境治理效率的实证分析

一、模型选取和数据说明

（一）效率的定义

早在 1957 年，学者 Farrell 便对效率给出了如下定义：效率包括技术效率和配置效率。其中，技术效率指对资源的最优利用能力，也就是既定各种投入要素的前提下最大化产出，或给定产出水平下投入最小化的能力（Lovell，1993）。配置效率是在给定的要素价格条件下使投入或产出组合最优化的能力。

一般在探讨效率问题时，国内外的学者通常运用非参数估计的数据包络分析方法（Data Envelopment Analysis，DEA）的相关模型进行分析（宋增基和李春红，2007；查勇等，2011）。这种方法的好处在于它能将最优样本点连接起来作为生产前沿曲线，这个曲线上的样本点表示在同样产出水平下使用的投入较少，或者在同样投入水平下拥有的产出较多。定义最优样本点的相对效率为 1，其他样本点的相对效率值可以根据与前沿曲线的距离来测度。同时，由于 DEA 方法的数据驱使特征，无需设定具体的函数形式，从而可以减少模型设定误差。虽然 DEA 有如上所述的优点，但如果用传统的一阶段或二阶段 DEA，并不能剥离环境和误差因素对效率值的影响，从而会导致所求得的效率值产生偏误。因此，本书运用了 Fried 等（2002）提出的 DEA 三阶段法进行计量[①]。此外，由于本书更多关注的是在给定产出水平下各种投入要素可以减少的程度，因此利用基于投入法的 DEA 三阶段模型。

（二）DEA 三阶段法

1. 第一阶段（BCC 模型）

这一阶段将使用投入导向的 BCC 模型对决策单元（DMU）的初始投入产出数据进行传统 DEA 分析。Charnes 等（1978）提出了基于 Farrell 衡量生产效率衍生而来的线性规划方法（规模报酬不变的CCR 模型），在此基础上，Banker 等（1984）提出了改进的 BCC 模型（规模报酬可变）[②]，将 CCR 模型中的综合效率（也称技术效率 TE）分解为纯技术效率（PTE）和规模效率（SE），从而能更加准确地反映被研究对象的管理水平。假设有 n 个决策单元，投入数据和产出数据分别为：

$$x_{ij} > 0,\ y_{rj} > 0,\ j = 1,\ 2,\ \cdots,\ n;\ i = 1,\ 2,\ \cdots,\ m;\ r = 1,\ 2,\ \cdots,\ s \tag{8-1}$$

式中，m 和 s 分别为单个决策单元中投入变量和产出变量的个数。

引入松弛变量 s^-、s^+ 和非阿基米德无穷小量 ε，并进行对偶规划后的投入导向的标准 BCC 模型可以表示为：

$$\min \phi_0 = \theta_0 - \varepsilon\left(\sum_{i=1}^{m} s_i^- + \sum_{r=1}^{s} s_r^+\right) \tag{8-2}$$

① 该方法最大的特点是能够将外部宏观环境与随机误差对效率的影响去除，使得所计算出来的效率值能更加真实地反映实际情况（Fried 等，2002）。

② Banker、Charnes 和 Cooper（1984）提出了不考虑生产可能集满足锥性的 DEA 模型，一般记为 BCC 模型。

$$
s.t.\begin{cases}\sum_{j=1}^{n}\lambda_j x_{ij}+s_i^-=\theta_0 x_{i0}\\ \sum_{j=1}^{n}\lambda_j y_{rj}-s_r^+=y_{r0}\\ \sum_{j=1}^{n}\lambda_j=1\\ s_i^-,\ s_r^+,\ \lambda_j\geqslant 0,\ j=1,\ 2,\ \cdots,\ n\end{cases} \tag{8-3}
$$

式（8-2）的计算结果 ϕ_0 表示受评估决策单元的相对有效值，即纯技术效率（PTE）。如果 $\phi_0=\theta_0=1$，且 $s_i^-=0$，$s_r^+=0$，则意味着该单元是技术有效的（DEA 有效），投入和产出组合位于生产前沿上；如果 $\phi_0=\theta_0=1$，$s_i^->0$，或 $s_r^+>0$，则表明该决策单元为弱 DEA 有效，这时要达到 DEA 有效可以减少投入 s_i^-而保持产出不变，或者保持投入不变增加产出 s_r^+；如果 $\phi_0<1$，则该决策单元为 DEA 无效，投入过多而产出不足。根据上述表达式并结合 CCR 模型（由于 CCR 模型已相当成熟，这里不再赘述）中得到的每个 DMU 的综合效率（TE），即可计算出规模效率（SE），以及投入的差额值 S（Total Input Slacks），其中 PTE、TE 和 SE 满足下述关系式：

$$
TE = PTE \times SE \tag{8-4}
$$

然而，第一阶段模型中的投入松弛变量可能受到了宏观环境因素、随机误差或管理效率的共同影响，这时得到的效率值无法准确反映究竟是由于宏观环境因素和随机误差干扰造成的低效，还是由于管理原因造成的低效，因此需要进一步对投入数据进行调整。

2. 第二阶段（建立相似 SFA 模型）

在第二阶段利用随机前沿分析法（Stochastic Frontier Approach，SFA）对投入差额值 S（$S=X-X\lambda\geqslant 0$，其中 X 为实际投入，$X\lambda$ 为 X 有效子集上的最优投入）进行研究，可以分别观测出宏观环境因素、随机误差和管理水平因素对 DMU 投入差额值的影响，从而剥离宏观环境因素以及随机误差的干扰，进一步得到只由管理无效率造成的投入冗余值。在此基础上，利用得到的投入冗余值对原始投入进行调整，即可重新估计能够客观准确反映实际的真实效率值。这一阶段，将宏观环境变量作为解释变量，把各项投入差额值作为被解释变量，则第 i 个决策单元的第 n 个投入松弛变量 S_{ni} 的 SFA 回归方程为：

$$S_{ni} = f^n(z_i, \beta^n) + v_{ni} + u_{ni}, \quad n = 1, 2, \cdots, N, \quad i = 1, 2, \cdots, I \tag{8-5}$$

式中，z_i 为 k 维的可观测宏观环境变量，β^n 代表对应的宏观环境因素的参数向量，$f^n(z_i, \beta^n)$ 表示确定可能差额边界，即环境变量对投入冗余差额值的影响，通常取 $f^n(z_i, \beta^n) = z_i\beta^n$。$v_{ni}$ 表示服从 $v_{ni} \sim N(0, \sigma^2_{vn})$ 的随机误差项，u_{ni} 服从 $u_{ni} \sim N^+(\mu_n, \sigma^2_{un})$ 截断正态分布，这两者相互独立且不相关，$v_{ni} + u_{ni}$ 为复合误差项。当 $u_{ni} \geqslant 0$ 时，表示管理的无效率。

在考虑随机干扰影响的同时，将所有决策单元的投入转换到同质环境下，以测算出体现各决策单元真实客观水平的效率值，即将式（8-5）利用 SFA 模型得到的回归结果进行如下调整：

$$X^*_{ni} = X_{ni} + [\max(z_i\hat{\beta}^n) - z_i\hat{\beta}^n] + [\max(\hat{v}_{ni}) - \hat{v}_{ni}], \quad n = 1, 2, \cdots, N, \quad i = 1, 2, \cdots, I \tag{8-6}$$

X^*_{ni} 为原始投入值 X_{ni} 在同质环境下调整后的投入数量，$\hat{v}_{ni}$ 表示第 i 个决策单元在第 n 个投入下的随机误差。

此外，第一个中括号表示将所有决策单元调整到相同宏观环境下，第二个中括号表示将全部决策单元的随机误差调整成一致情形，投入调整值会随着投入和产出的不同而有所变动（黄宪等，2008）。

3. 第三阶段（调整后的 DEA 模型）

在第三阶段中，用调整后的决策单元投入数据 X^*_{ni} 代替原始的投入数据 X_{ni}，再次代入 DEA 模型进行效率评估。这时，得到的效率值即为剔除了宏观环境因素和随机因素后的技术效率，更能真实地反映客观状况。

（三）变量及数据

1. 环境治理投入及产出变量的选取

目前对环境治理投入研究的文献较少，为了能从经验上估计工业污染治理投入的实际作用效果，需要从我国现实入手，构建能全面、客观反映环境治理综合效率的投入产出变量体系。基于效率指标选取的系统性、全面性、同向性以及可获得性原则，在已有文献的基础上，本书选取了以下几个投入产出变量：

（1）环境污染治理投资。我国对于环境治理投资的很大部分来自于政府性支出，还有一部分来自于企业自筹和社会性投资，环境污染治理投资总额不仅包含这两部分投资，也最能反映资本的投入量。同时，环境污染治理投资的范围较广，能够较全面地覆盖污染治理的方方面面，主要包括新建项目防治污染的投资、老企业治理污染的投资以及城市环境基础设施建设的投资[①]，其中以城市环境基础设施建设投资所占比重最大，这也是环境治理文献中常用到的指标。因此，我们将各省市每年的环境污染治理投资总额作为投入的主要变量以衡量各省市对污染治理的物质资本投入指标之一，如表 8–1 所示。

表 8–1　估计模型中的变量定义及描述性统计说明

分类	变量名及英文简写	变量定义	均值	标准差
投入变量	环境污染治理投资（INVET）	环境污染治理投资总额（亿元）	125.68	139.53
	排污费（FE）	排污费（万元）	48793.23	42479.76
	环保系统人数（EP）	环保系统年末实有人数（人）	6738.75	4148.56
产出变量	工业废水达标排放率（PWR）	工业废水达标排放量/工业废水排放总量	0.89	0.15
	工业废气去除率（PGR）	工业二氧化硫、烟尘、粉尘去除量/（工业二氧化硫、烟尘、粉尘去除量+工业二氧化硫、烟尘、粉尘排放量）	0.87	0.07

① 城市环境基础设施建设投资是指用于城市生活垃圾、城市污水以及城市集中供热等处理设施的投资。

续表

分类	变量名及英文简写	变量定义	均值	标准差
产出变量	工业固体废物综合利用率（PSR）	工业固体废物综合利用量/(工业固定废物产生量+综合利用往年贮存量)	0.71	0.18
	生活垃圾无害化处理率（GR）	生活垃圾无害化处理量/生活垃圾产生量	0.63	0.19
	森林覆盖率（FR）	各省市森林覆盖率	0.27	0.17
宏观环境变量	城镇化率（UR）	非农业人口/总人口	0.39	0.15
	社会发展水平（SDL）	各省市同期人均 GDP（元）	19228.83	11672.60
	经济开放程度（OPEN）	各省市按境内货源地分的货物出口总额（以当年美元对人民币汇率平均价计算)/同期 GDP 总量	0.22	0.21
	规模以上工业企业数（N）	各省市规模以上工业企业数（个）	17893.12	26458.23
	地理因素（GE）	对处于东部的省市定义为 1，否则为 0；对处于平原地区的省市定义为 1，否则为 0	/	/

（2）排污收费。排污收费在政府环境规制中，一直被作为除环境污染治理投资外的重要环境投资手段。我国于 1996 年发布的《关于环境保护若干问题的决定》明确了地方各级人民政府对本辖区环境质量负责，但国家迄今为止还没有对作为各级政府环境污染控制的重要制度工具“环境税”进行专门立法，因此“排污收费”一直都被政府作为环境税的替代工具，用于控制企业的污染排放。学者 Wang（2000，2005）以及 Dasgupta（1996，1997）对于排污收费作为污染控制政策的研究表明，中国污染收费制度为企业治污投资和效果提供了有效激励，具有良好的制度绩效，基于此，本书将“排污费”纳入投入要素框架。

（3）各地环境保护系统机构人数。环境污染治理投入不仅有物质资本还有人力资本投入，在以往的测度文献中也常使用这一指标。为使度量结果更加准确，我们采用各地环境保护系统机构人数作为环境治理人力资本投入量指标。

（4）产出变量。到目前为止，环境污染治理产出变量的选择并没有一个统一的标准。由于我国的污染排放主要源于工业生产，而且生活污染排放日趋严重，因此基于指标选取原则，本书选取工业废水达标排放率、工业废气去除率、工业固体废物综合利用率和生活垃圾无害化处理率[①]这 4 个变量作为污染治理产出变量（具体处理见表 8–1）。同时，我们也将森林覆盖率作为产出变量以反映各地区环境治理下的自然生态状况。

2. 宏观环境变量的设定

考虑到分离管理无效率与随机干扰因素后的投入指标将能更客观精确地测度效率值（Fried 等，2002），而宏观环境变量应选取那些对工业污染治理投入效率产生影响但不在样本主观可控范围内的因素。本章选取以下 5 项作为宏观环境变量（见表 8–1）：①城镇化率，城市化已成为影响环境变化的重要因素，本章采用非农业人口与总人口之比来体现城镇化率；②社会发展水平，社会发展最终要实现经济与生态和谐，由于传统 GDP 并不能实际反映地区的社会发展水平，因此本章采用人均 GDP 来衡量地区的社会发展水平；③经济开放程度，经济开放与否可以影响整个地区生态环境的封闭性，本章利用各地区按境内货源地分的货物进出口总额占同期 GDP 的比值来表示经济开放程度；④规模以上工业企业数，工业企业污染物的排放对环境有着直接关系，因此我们采用规模以上工业企业数来衡量各地区工业企业对环境治理的影响；⑤地理因素，由于地理位置对地区经济和环境协调发展的影响，本章引入两个虚拟变量（东部、中西部；平原、山区和丘陵）来体现地理因素的作用。

此外，本章与前文一致根据国家统计局的统计口径，将中国划分为东中西三大区域，并将涉及的以货币为计量单位的经济变量按 1997 年的价格进行折算。由于本书的样本年限为 1997~2011 年，时间较长，

① 除了生活垃圾无害化处理率指标，作者曾考虑将生活污水集中处理率作为另一个反映生活污染治理的产出变量，但是由于目前我国对于各地区污水集中处理的数据缺乏统计，给数据收集造成很大困难，因此本书并未采用这一指标。

而中国政府在2003年左右才颁布了新的《排污费征收管理办法》，为使数据的统计口径一致并且考虑到污染治理的时滞性和数据可得性，本章选取代表性年份对工业污染治理效率进行研究，将考察年限选取为2004~2011年。本章的数据来源于2005~2012年《中国统计年鉴》、《中国环境统计年鉴》以及相关省份历年的统计年鉴。

二、环境治理效率的测度及分解

（一）实证结果

表8-2 2004~2011年东中西部第一阶段和第三阶段效率值

阶段	年份	东部			中部			西部		
		TE	PTE	SE	TE	PTE	SE	TE	PTE	SE
第一阶段	2004	0.45	0.80	0.57	0.21	0.37	0.56	0.47	0.56	0.84
	2005	0.43	0.72	0.60	0.20	0.40	0.50	0.47	0.56	0.83
	2006	0.48	0.74	0.65	0.21	0.30	0.69	0.46	0.47	0.98
	2007	0.47	0.67	0.70	0.24	0.31	0.77	0.52	0.62	0.84
	2008	0.46	0.62	0.75	0.22	0.29	0.73	0.52	0.73	0.70
	2009	0.45	0.59	0.76	0.23	0.28	0.82	0.53	0.68	0.78
	2010	0.47	0.61	0.77	0.21	0.32	0.66	0.51	0.53	0.96
	2011	0.44	0.60	0.73	0.19	0.28	0.68	0.54	0.70	0.77
	均值	0.46	0.67	0.69	0.21	0.32	0.68	0.50	0.61	0.84
第三阶段	2004	1.00	1.00	1.00	0.97	0.99	0.99	0.95	0.99	0.96
	2005	0.95	1.00	0.95	0.91	0.93	0.98	0.89	0.91	0.98
	2006	0.96	1.00	0.96	0.95	0.98	0.97	0.93	0.95	0.98
	2007	0.93	1.00	0.93	0.86	0.98	0.88	0.88	0.96	0.91
	2008	0.94	0.96	0.98	0.90	0.92	0.97	0.85	0.86	0.98
	2009	0.92	0.94	0.98	0.87	0.89	0.98	0.88	0.91	0.97
	2010	0.93	0.96	0.97	0.89	0.90	0.99	0.86	0.89	0.97
	2011	0.92	0.95	0.97	0.86	0.91	0.95	0.81	0.93	0.87
	均值	0.94	0.98	0.97	0.90	0.94	0.96	0.88	0.93	0.95

在不考虑宏观环境变量和随机误差影响的情况下，纯粹以原始投入（INVET、FE、EN、EP）和产出变量（PWR、PAR、PFR、GR、FR）为基础，对东中西部三大区域共30个省市样本进行环境污染治

理投入效率分析，结果如表 8-2 所示[①]。在第一阶段，无论是从综合效率、纯技术效率还是从配置效率的角度，东中西部三大区域的效率均低下无效。比较而言，在东中西部三大区域中，西部的综合效率较高。此外，从纯技术效率均值来看，东部最高，西部次之，中部最低；各区域的规模效率均值除了东部以外，均大于纯技术效率均值。随后，我们利用第一阶段求出的投入变量差额值，运用 Frontier 4.1 软件对其进行以宏观环境变量为解释变量的 SFA 回归分析。之后，利用 SFA 回归结果（z_i，$\hat{\beta}^n$，$\hat{v}_{ni}$）按照式（8-6）对各决策单元的投入值进行调整，这时再将调整后的投入值与原始产出值代入 DEA 模型重新进行运算，即可得出第三阶段的效率值。由表 8-2 可知，在剔除了宏观环境因素及随机误差的影响后，第三阶段的各效率值与第一阶段相比有较大幅度的提高，这说明之前效率低下确实受到了宏观环境因素或随机误差的影响，而非全部由于管理水平原因所致。

（二）环境污染治理效率分析

在剔除宏观环境因素和随机因素影响后，对运用 DEA 三阶段法测度得到的全国三大地区环境污染治理效率值进行分析，可以得到有意义的数据表象。

1. 综合效率分析

整体上讲，东中西部环境污染治理综合效率波动幅度不大，但不同地区综合效率存在一定差异，在不同年份的效率值也出现有效或无效的现象，这说明各地区在对环境污染治理投入进行使用和配置时，能够做到效率的相对有效。从走向趋势来看，东中西部的综合效率变化比较一致，且基本维持自东向西，效率由高到低的状态（见图 8-1）。东部综合效率值虽然仅在 2004 年为有效，但每年都能达到 0.92 以上，这反映出东部对环境污染治理投入的使用效率能始终维持在一个相对

① 这里仅对东中西部三大区域的测度结果进行分析。

较高的水平。在既定的要素投入下，可以比较合理地进行投入要素的配置和利用来提升产出水平，从而提升区域内污染治理的整体成效。中部的表现弱于东部，但和西部相比有一定优势，其综合效率值在2004~2011 年的整个样本期间内基本保持在 0.86 以上的水平，在2007 年出现了较大幅度的回落（主要是规模效率下降过快引起的）。值得注意的是，西部地区所有年份的综合效率不仅全部无效，并且在8 年观察期内仅有 2 年处于 0.90 以上，甚至还呈现出波动性下降趋势，与东中部差距非常明显。这说明西部在目前投入要素持续增加的情况下，相应的产出能力却由于受到综合效率回落的限制而不断下降，西部地区环境污染治理投入综合效率的现实是偏低且无效，环境污染治理的整体投入还没有达到良好状态，平均来说还有 12%的空间可改进。

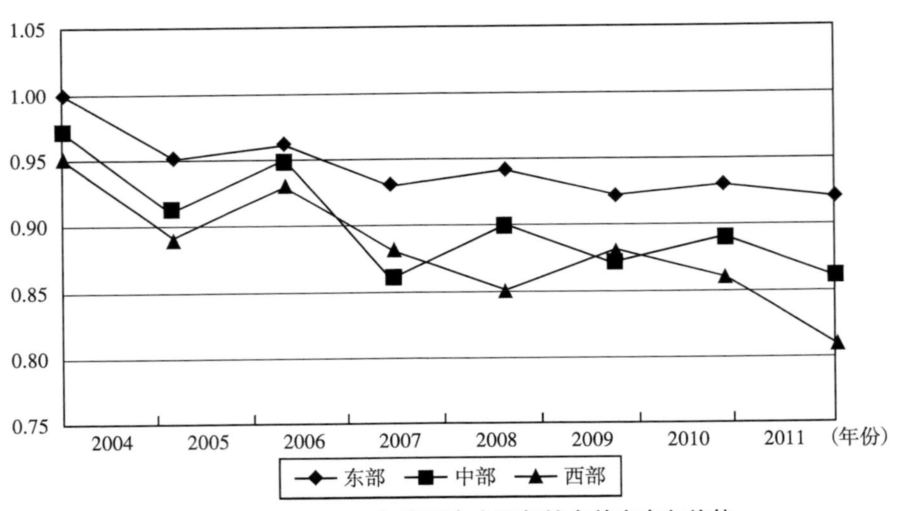

图 8-1　2004~2011 年我国东中西部综合效率走向趋势

综合东中西部各年环境污染治理投入情况以及相关政策背景，西部与东中部综合效率出现上述显著差异情况的原因可能来自三方面：

其一，单纯从治理投入上考虑，西部的物质资本投入和人力资本投入均远少于东部和中部，在污染治理投入总量较低的影响下，西部综合效率长期以来低下且无效。比较同时期东中西部环境污染治理投入可以发现，2004 年东部各省的环境污染治理投资总额均值为 95.67 亿元，是西部的 3.12 倍，而中部各省均值也较西部高出 42%。2011 年，东西部各省污染治理投资总额均值比值虽然降低至 2.15 倍，但仍保持着较大的差距。中西部比值则上升到 1.67，差距反而更加明显。除此之外，由于西部地理位置深入中国内陆，发展环境较为封闭，造成西部在要素投入配置水平上的相对欠缺和技术利用发展上的相对落后，进一步加剧了西部效率低下的现实。

其二，西部一直以来是我国经济欠发达地区，经济社会发展长期受限。在我国西部大开发战略背景下，为了拉动西部地区经济发展，实现区域经济差异缩小化，一方面，西部各省级地方政府在招商引资时会较容易降低入驻企业的进驻门槛，使得一些污染性企业趁机流入，对西部地区生态环境造成破坏；另一方面，在追求地方经济快速发展的基础上，地方政府会放松对企业排污行为的行政监管，严重的甚至引发“环境管理失灵”[①]。在企业进驻门槛降低以及环境污染严格监管长期缺失的综合作用下，最终导致西部出现环境污染治理投入力度增大但是成效下降的现象。

其三，地区分割间接影响了环境污染治理，使其正外部性减弱，导致东中西部的区域综合效率差异越来越明显。中国现行政治集权下的经济分权给地方政府提供了经济发展的动力，但渐进式经济分权下形成的地方保护主义会造成地区分割，限制资源配置，使区域范围的技术外溢受到约束，阻碍发达地区对落后地区的技术输出和长远的技术进步，不利于区域环境污染治理综合效率的协同发展。总体而言，

① 环境管理失灵是指在各级政府组织中存在的一系列管理问题使得有关环境政策无法有效实施的情况（张坤民，1997）。

在观察期内东中西部的综合效率水平呈现出不平衡发展趋势，而这种不平衡趋势伴随时间推移而逐渐扩大。并且，由于东中西部环境污染治理投入综合效率差距的存在，一定程度上导致了我国环境污染治理的区域性差异。随着各区域环境污染治理综合效率差距的扩大，我国环境污染治理的区域差异还会进一步加剧。

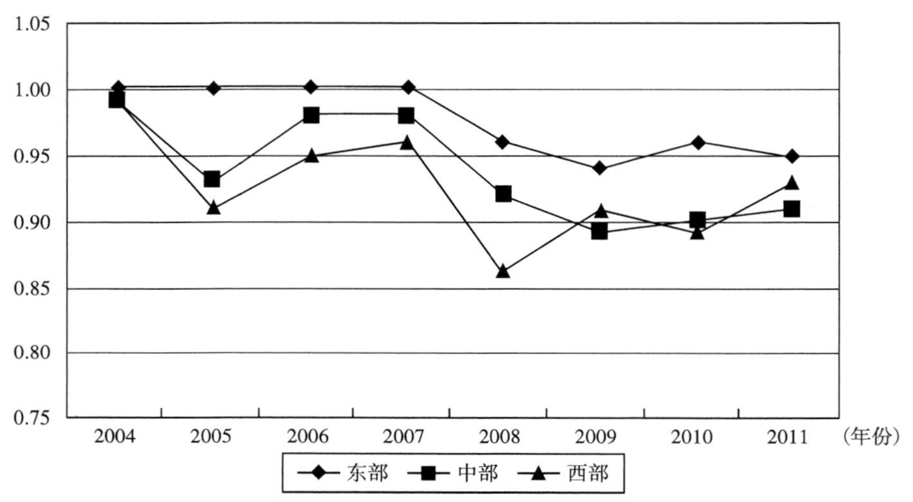

图 8-2　2004~2011 年我国东中西部纯技术效率变化趋势

2. 纯技术效率分析

为能直观了解我国东中西部纯技术效率的变化趋势，我们将各区域 2004~2011 年的效率值点进行连接。从图 8-2 可知，我国环境污染治理纯技术效率整体趋于下降，在 2008 年前呈现由东至西递减的态势，而从 2009 年开始，西部的纯技术效率逐渐升高，最终在 2011 年超过了中部，但仍然低于东部。在初始时点，各区域的纯技术效率值很接近，但三者之间的差异逐渐扩大，在期末又有逐渐缩小的趋势。东部的纯技术效率值变动较为平缓，在 2008 年以前各年的污染治理投入纯技术效率值均处于最佳效率前沿面，说明在规模报酬可变情况下，东部对其区域内环境污染治理投入要素的利用效率很高，现有的投入为东部地区带来了较高产出。同时，结合图 8-1 还可发现，东部地区综合效率较高并且变化缓慢的一个重要原因是纯技术效率的促进作用，东部纯技术效率的比较优势在一定程度上抵消了规模效率对其综合效率的不利影响，能够使东部综合效率始终维持在一个相对较高的水平上。而中西部的纯技术效率值与东部相比，存在两个非常明显的特征：首先，中西部地区纯技术效率值波动更加明显；其次，两个地区在整个样本期的纯技术效率全部为无效。中西部在 2004~2008 年的波动趋势非常一致，都经历了一个倒 S 型的变化过程，在此之后，两个地区的效率值呈现出缓慢的交替上升趋势。2004 年，中西部地区的纯技术效率重合，虽然之后分别有不同程度的明显下降，但在 2006 年又同时较大幅度回升，与中西部相同时期的综合效率趋势走向基本一致，说明这两个地区综合效率值在观察期前三年主要受其纯技术效率波动的影响。此后，中西部的纯技术效率双双大幅下降，即使从 2009 年开始有一定幅度的上升，但仍未达到 2004 年的水平，这反映出中西部在对环境污染治理投入的技术利用上不仅效率低下，而且还不能达到一个相对稳定的状态。

3. 规模效率分析

考察东中西部规模效率平均值后可知，我国三大区域的规模效率仍然表现出“东高西低”的情况。从图 8-3 可知，东中西部地区的规模效率初始值虽然相差较大，但 2008 年则出现收敛现象。从 2009 年开始，三大区域的规模效率差异逐渐变大，在样本期末呈现出发散趋势。此外，2008 年以前，东中部规模效率下降幅度大于西部，而 2010 年后，中西部的下降幅度大于东部，这会导致本该作用于环境污染治理的资金外流至效率更高的行业，使污染治理投资供应短缺。同时，规模效率的下降也反映出区域内投入要素配置的不合理。这两方面结果综合起来造成规模效率的区域性差异，而这种相对差异又会导致环境污染治理投入出现区域配置失调，从而进一步拉大各区域的污染治理差异。

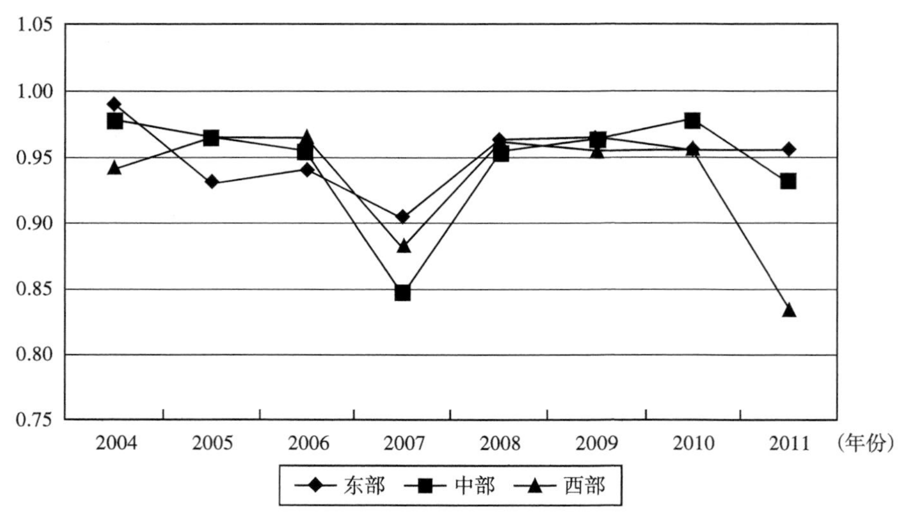

图 8-3　2004~2011 年我国东中西部规模效率波动趋势

另外，通过对比东中西部纯技术效率波动趋势图可发现，2004 年东部在规模效率和纯技术效率有效的共同作用下使综合效率值达到了最佳前沿面，但此后由于规模效率的低下，导致东部由纯技术效率带来的好处被大部分抵消，综合效率一直无效。而中部虽然规模效率和纯技术效率呈下降趋势，但规模效率对综合效率的贡献在多数时间仍大于纯技术效率。西部规模效率在 2010 年前呈上升趋势，在 2011 年则出现较大幅度的下降。总体上讲，尽管我国通过增加环境污染治理投入以提高污染治理效果并取得了一定成效，但我国各区域对环境污染治理的投入都尚未达到最佳规模，对环境治理的投入和其他领域的投入相比仍然过小，其带来的作用也不能平衡区域间的污染治理差异，环境污染治理投入的严重不足也已经成为制约区域污染治理综合效率的重要原因。

进一步考察 2004~2011 年我国各省市平均规模效率及平均纯技术效率，从图 8-4 可以看出，我国绝大部分省市都处于纯技术效率以及规模效率无效区域。东部省市如北京、上海、天津、福建、广东、广西位于高纯技术效率和高规模效率的双优区域，浙江、江苏、河北、

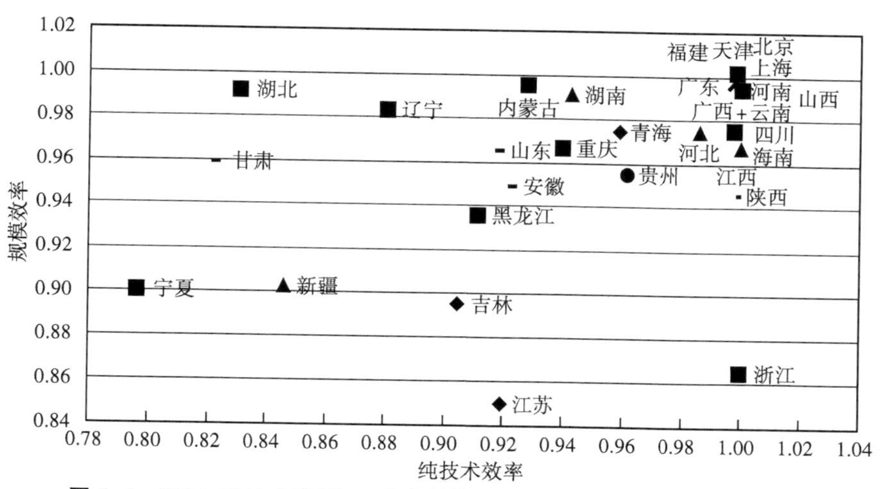

图 8-4　2004~2011 年我国 30 个省份的平均规模效率和平均纯技术效率

海南则位于高纯技术效率和低规模效率区域，其综合效率值的提升应以改进规模效率为主，辽宁和山东则应以改进纯技术效率为主；湖北、安徽、内蒙古、黑龙江、宁夏、甘肃、新疆等中西部省市除了要注重对投入监督管理还应提升纯技术效率。同时还应注意到，东中西部由环境污染治理投入规模报酬变化引起的规模效率无效也存在着区域性差异。东部的绝大多数省市为规模报酬不变，而江苏、浙江、河北基本为规模报酬递减。中部的山西和河南始终处于规模报酬不变状态，湖南和内蒙古分别从 2006 年和 2007 年开始由规模报酬递增转为规模报酬递减，只是在 2011 年，湖南又转为规模效率递增。吉林、黑龙江、安徽、江西以及湖北基本一直处于规模报酬递减状态。由此可见，东中部地区各省市规模报酬递减可能是东中部规模效率连续下降的一个重要因素。对于这些规模报酬递减的省市，投入要素的增加不能带来产出的同比例上升。产出效率较低，除了要对投入要素结构进行调整外，还应该提升管理水平以及资源配置能力来改进效率，因此不能一味地通过加大环境污染治理的要素投入来解决效率下降的难题。此外，在西部地区，除重庆、四川以及陕西外，一半以上的省市都处于规模报酬递增状态，这反映出增加对西部环境污染治理投入，不仅能提高污染治理综合效率，还能带来更大比例的污染治理成效回报。因此，进一步增强西部地区环境污染治理投入力度是当前重要的政策选择。

第三节　政府环境规制对地区环境不平等的影响

一、政府环境规制的影响分析

为推进人口、经济和资源环境的协调发展，国务院于 2010 年底发布了《全国主体功能区规划》（以下简称《规划》），中国的国土在国家层面上被划分为四类主体功能区——优化开发、重点开发、限制开发和禁止开发主体功能区。根据《规划》，优化开发区域包括环渤海地区——京津冀、辽中南和山东半岛地区，长江三角洲地区——上海和江苏、浙江的部分地区，同时还有珠江三角洲地区——包括广东中部和南部的部分地区。重点开发区域包括冀中南地区、太原城市群、呼包鄂榆地区、哈长地区、东陇海地区、江淮地区、海峡西岸经济区、中原经济区、长江中游地区、北部湾地区、成渝地区、黔中地区、滇中地区、藏中南地区、关中—天水地区、兰州—西宁地区、宁夏沿黄经济区以及天山北坡地区 18 个区域[①]。显而易见，优化开发区域主要指东部地区的省市，而重点开发区域则主要指中部地区和西部地区。此外，根据《规划》中限制开发区域（国家重点生态功能区）以及禁止开发区域分布图，中西部地区囊括了绝大部分限制开发和禁止开发区

① 关于重点开发区域的详细解说请见国务院 2010 年《全国主体功能区规划——构建高效、协调、可持续的国土空间开发格局》。

域的重点区域。

同时，优化开发区域与重点开发区域作为城市化地区，其主体功能是提供工业品和服务产品，只是开发的程度和方式不同。优化开发区域不再是工业至上，而是进行产业结构优化和发展方式优化，使环境污染排放标准达到或接近国际先进水平，重点开发区域则要推进新型工业化和城镇化进程，这意味着中西部地区的工业发展支撑作用越来越明显，相应地对环境规制的要求也会提升。

那么，现阶段政府环境规制实施效果如何呢？结合前文对政府环境规制实施的效率分析不难发现，基本处于优化开发区域的东部地区环境治理效率较高，这得益于纯技术效率的贡献。处于重点开发区域的中部地区，其环境治理纯技术效率与规模效率的相对低下成为制约其政府环境规制实施效果进一步提高的关键因素，东中部环境污染治理差距更多体现在纯技术效率上。大部分处于重点开发区域的西部地区，其环境治理效率不仅受到投入要素总量不足影响，还受到纯技术效率及规模效率低下的约束。在环境治理投入不断增加的背景下，东中西部政府环境规制带来的污染治理效果不仅逐渐减弱，还存在较大差异，并且这种差异呈现出扩大趋势。而《规划》中“环境政策”要求“优化开发区域要实行更严格的污染物排放标准和总量控制指标，大幅度减少污染物排放”，“重点开发区域要结合环境容量，实行严格的污染物排放总量控制指标，较大幅度减少污染物排放量。”显然，目前的政策实施效果与《规划》中的要求仍有较大差距，政府环境规制尚未发挥充分的政策效应，未能实现对中国地区环境污染的有效控制和治理。

环境治理效率提高意味着经济发展过程中政府环境规制对污染的控制作用得到提升，环境污染减少，地区环境得到改善；相反，环境治理效率降低则说明环境治理成效有所下降，环境污染未得到及时治理，地区环境质量随之下降。因此，政府环境规制的实施成效在一定程度上影响地区最终的环境污染负担大小，进而影响环境负担的不平等。理论上，政府环境规制的实施对约束企业行为有明显作用（Wang，2000，2005；Dasgupta，1996，1997），能够降低环境污染，从而对缩小地区间环境污染差异有积极意义。然而，从本章的分析结果上看，东中西部环境规制的实施成效逐渐下降且差距渐深。与东中部地区相比，西部地区不仅承担了更多与经济发展不相匹配的环境污染，而且其污染治理效果也受到了较多限制，政府环境规制未表现出应有的政策效力，在一定程度上巩固了东部、中部和西部三大地区间的环境不平等状况。虽然东中西部地区归属于不同主体功能区，有不同的方向定位，但若不因地制宜地提升政府环境规制的强度及实施效率，则可能造成城镇化和工业化进程下环境污染的持续恶化和区域环境治理差异的持续增加，进一步扩大地区间的环境不平等状况，这对优化或重点开发区域设立的初衷也会造成较大偏离。因此从这个角度上讲，政府环境规制以及污染治理投资力度有待进一步加强。

当然，本章从东中西部三大区域角度对政府环境规制实施效果进行了评价，但仅能间接地反映政府环境规制对区域间环境不平等的影响，不能直接阐明政府环境规制与区域间环境不平等的数量关系以及区域内部各省市间环境不平等的政策效力，因此有一定局限性。

二、总结

从实证结果来看，东部环境污染治理的综合效率在三大区域中水平较高且变动相对平稳，但仅在 2004 年达到效率最佳前沿面。中西部综合效率在样本期间全部无效且明显低于东部，整体呈下降趋势。将各区域综合效率进行分解后发现，2008 年前东部环境污染治理效率水平较高得益于纯技术效率的贡献，2009 年后则得益于规模效率的贡献。中部地区纯技术效率与规模效率的相对低下成为制约其综合效率进一步提高的关键因素。东中部环境污染治理差距更多体现在纯技术效率上，而西部却受到投入要素总量不足、纯技术效率及规模效率低下三方面的约束。由此可见，正是在区域间环境污染治理效率的差距以及累积效应的长期共同作用下，造成了我国东中西部环境治理差异的逐渐扩大，并且这种影响在一定程度上加深了西部的劣势。政府环境规制对污染控制的实施效果，进一步巩固了三大区域间的环境不平等状况。

第九章　结　语

一、本书的主要工作及结论

中国工业遵循着高投入、高消耗的粗放型发展模式，能源效率利用低下，致使生态环境长期遭受工业污染的破坏。2010 年，中国二氧化硫的总体排放量超过了美国和欧盟的总和。2011 年，超过 10%的中国陆地受到了酸雨的侵害，这其中包括长江流域以及东南部的耕地和人口稠密地区。近年来雾霾天气的频发，也使人们更加关注环境问题。面对日益严重的环境污染，政府、企业以及民众都有责任对污染排放减少做出努力。然而，减少污染排放就意味着可能的经济利益减少以及治污减排成本的提高，减排任务的分配更涉及不同地区间的利益分配。因此，要合理地安排减排任务，需要兼顾地区发展及工业污染排放的差异特征。本书回顾了国内外相关研究文献，对不平等度量的理论及测度指标进行了系统性梳理，运用工业污染排放数据，采用多种指标工具从“省际”层面和“东中西部”三大区域视角度量了地区环境不平等，对不平等指标进行了组群分解。从 IPAT 模型、Grossman 分解模型以及 Verbeke 和 Clercq 模型出发，确定不同视角下工业污染排放强度的影响因素方程，利用基于回归方程的夏普利值分解法对区域环境负担不平等进行分析。本书的结论如下：

（一）中国地区间环境不平等状况明显

不同于以往研究中使用人均污染排放量（排放密度）作为研究对

象，本书采用单位工业产值的污染物排放量（排放强度）进行研究，可以较客观地反映工业生产造成的污染排放状况，避免由于排序不当对地区工业污染排放不平等测度造成的影响。

（1）中国地区间的工业污染排放呈现出明显的差异性特征。无论是从分省还是从东中西部三大区域的角度来看，不同工业污染物排放都有明显的地区差异。从污染物排放的不平等程度来说，无论是各省市间或是各区域内都遵循着“工业固体废弃物排放>工业废气排放>工业废水排放”这一特定规律。从变化趋势来看，在 1997~2011 年的 15 年内，各省市工业废水排放与工业废气排放差异的变动状况基本一致，呈现出由低到高，再由高到低的倒 U 型过程；各省市工业固体废弃物排放不平等的变化趋势并不是典型的倒 U 型而是 N 型。从三大区域来看，各区域内部不同工业污染物的排放差异变动也呈现出与分省变动类似的情况。

（2）从区域内部工业污染的排放不平等来看，在自然资源相对贫乏、经济较发达的地区，工业污染排放不平等程度较高，而在自然资源丰富、经济欠发达地区，工业污染排放不平等程度则相对较小。1997~2011 年的整个观测时期内，东部工业废水排放的平均对数离差 T_0 均值在三大区域中最高，为 0.100，西部的平均对数离差 T_0 均值为 0.071，位居其次，中部的平均对数离差 T_0 均值最低，为 0.054；从工业废气排放来看，东部工业废气排放的平均对数离差均值 T_0 为 0.154，中部的平均对数离差 T_0 均值为 0.105，西部为 0.087；对于工业固体废弃物的排放，东部地区内各省市间工业固体废弃物排放的平均对数离差 T_0 均值为 0.328，中部的平均对数离差 T_0 均值为 0.174，西部为 0.099。这说明在三大区域中，无论对于哪一种工业污染物排放，东部地区内各省市的不平等程度最高，而中西部各省市工业污染排放的不平等程度则较低。

（3）对中国区域工业污染排放的总体差异进行分解后发现，工业污染排放的总体不平等主要来自于区域内部差异，而区域内部不平等主要来自于东部地区内各省市差异的贡献。这说明，东部地区的各省市受经济发展水平和工业化进程的影响，工业污染排放差异最为明显。结合各地区工业产值和工业污染排放数据可以发现，1997~2011 年，东部地区以平均 61%的工业产值排放出 57%的工业废水、41%的工业废气和 43%的工业固体废弃物，中部地区以平均 27%的工业产值排放出 28%的工业废水、36%的工业废气和 36%的工业固体废弃物，西部地区则以平均 12%的工业产值排放 28%的工业废水、23%的工业废气和 21%的工业固体废弃物。这说明，虽然东部各省市排放差异最大，但整体的能源利用效率却最高，中西部地区各省市排放差异较小，但能源利用效率却较低。同时也表明中西部地区和东部地区相比有更大的节能潜力，应提高其清洁生产技术水平，转变经济发展方式，从而达到降低单位产值能源消耗的目标。但不可忽视的是，东部地区始终是中国工业污染排放的大户，在相应的地区发展计划中节能减排仍然是重要的议题。此外还应看到，工业废水排放的区域间差异逐渐降低，而工业废气与固体废气物排放的区域间差异则基本保持稳定，说明中国区域差别化政策以及中西部发展战略的实施对三大区域间工业污染排放差异的减小有一定影响。

（二）诸多因素共同影响了地区工业污染排放

经济发展水平、城镇化率、产业结构、外商直接投资水平以及对外经济依存度的共同作用影响了中国工业污染排放强度变化。

从环境影响的 IPAT 经典分析框架、Grossman 分解模型以及 Verbeke 和 Clercq 分解模型出发，梳理分析了工业污染排放的关键因素，分析认为人口、经济发展程度和技术水平是影响环境压力的重要驱动因素。在中国，由于存在较为严格的人口控制政策，用以衡量人口规模的人口总数量相对于其他变量较为稳定，难以反映人口变化对环境压力的冲击。随着中国经济的高速发展，城镇建设进程加快，越来越多的人口向城镇转移，导致了对能源需求的进一步增加，这造成了相应工业部门产能和污染排放的大幅增加。可采用城镇化率作为人口的替代变量，且有助于反映中国城市化进程对工业污染排放强度的影响。

特别地，在诸多文献中，经济发展水平都被验证是影响环境污染排放的重要因素，本书通过环境库兹涅茨假说对中国地区工业污染排放强度的适用性进行了验证。结果表明，无论是从分省还是从分区域的角度看，工业污染排放强度与经济增长间并不存在倒 U 型曲线，相反存在一个 U 型曲线，但无论对哪一种工业污染物，鲜有省市达到相应的经济发展拐点。进一步，根据前文分析和结合以往的文献研究，本书采用面板数据模型的固定效应、随机效应以及广义最小二乘估计法（FGLS）对分省和分区域工业污染排放强度的影响因素方程进行了估计。回归结果显示：无论是对分省面板数据还是分区域面板数据，经济发展水平、产业结构、城镇化率以及外商直接投资水平与工业污染排放强度间均存在显著的负效应。其中，经济发展水平的作用最为显著，因此是影响工业污染排放强度的最重要因素。而对外经济依存度因素则与工业污染排放强度正相关，但均不显著。这表明，以国际贸易为主的对外经济对中国工业污染排放强度减小产生了负面影响，只是这一作用并不明显。也就是说，以低技术附加值产品出口为主、中等技术附加值产品出口为辅的中国加工业虽然没有使工业污染排放强度大幅增加，但也没有减少排放强度。此外，较为不寻常的是分区域情况下，城镇化率与工业固体废弃物排放强度间的关系为正，但并不显著。

（三）经济发展是影响地区环境不平等的决定性因素

在分地区工业污染排放强度影响因素方程的基础上，结合环境不平等的测度结果，运用基于回归方程的夏普利值（Shapley）分解方法，从分省以及东中西部三大区域的角度剖析各主要影响因素对1997~2011年分地区环境不平等的贡献程度，研究发现：

（1）影响地区间工业废水、工业废气以及工业固体废弃物排放强度不平等的决定性因素是经济发展水平。无论从各因素的贡献度排序还是从 1997~2011 年的平均贡献度上看，经济发展水平都是排序第一位的影响因素。从分省角度看，经济发展水平对工业废水排放强度不平等的贡献程度达到了 41.236%~67.962%，平均贡献率高达 56.112%；对工业废气排放强度不平等的贡献率为 25.777%~79.084%，平均贡献率为 50.516%；对工业固体废弃物排放强度差异的贡献率达到了 35.473%~64.332%，平均贡献率为 51.538%。从各类污染物上看，随时间推移，经济发展因素的贡献越来越显著，能够解释 1/2 以上的省际工业污染排放强度差异。从东中西部三大区域的角度讲，经济发展水平对各类工业污染物排放强度不平等的贡献均有较大幅度的提升。对于区域间工业废水排放强度差异，经济发展水平在整个样本期内的平均贡献率为 77.749%，对工业废气排放强度的平均贡献度为 83.953%；而对于工业固体废弃物的排放强度差异，经济发展水平的贡献在 2009 年达到了最高值 80.269%，在 15 年内的平均贡献率高达 78.876%。虽然经济发展水平的贡献如此重要，但其仍然不能解释剩余部分的工业污染排放强度不平等，因此需要进一步地考虑其他因素的影响。

（2）产业结构、城镇化率以及外商直接投资水平是影响地区间工业污染排放强度不平等的第二梯队因素。从分省情况上看，工业产值占比代表的产业结构变量可被认为是影响省市间工业废水和工业废气排放强度不平等的第二位因素，1997~2011 年，其平均贡献率分别为 27.922%和 21.929%。城镇化率以及外商直接投资对工业废水排放强度的平均贡献率分别为 9.186%和 9.166%，如果考虑估计误差，两者相差无几。对于工业固体废弃物排放强度不平等，城镇化率、产业结构以及外商直接投资水平三个因素的平均贡献程度分别为 16.571%、17.172%和 17.174%，几乎没有太大差异。从整个时期上看，3 个因素对各类工业污染物的排放强度不平等贡献总和几乎都能达到 1/2。

从分区域角度上讲，产业结构、城镇化率以及外商投资水平 3 个因素对区域间每类工业污染排放强度不平等的贡献程度比较接近，并且三者的贡献之和在 16%左右，与分省情况相比有较大幅度的下降。综合而言，虽然 3 个因素在各省市间和区域间的贡献程度有较大分别，但都是影响地区间工业污染排放强度不平等的重要因素。

（3）影响地区间工业废水、工业废气以及工业固体废弃物排放强度不平等的最末位因素为经济发展的对外依存程度。无论从省市还是从区域上看，对外经济依存度始终是第五位影响因素。在分省情况下，用基尼系数和泰尔 L 及 T 指数进行分解时，它甚至具有降低工业废水和工业固体废弃物排放强度差异的作用，在整个观测期内它的平均贡献度分别为−2.387%和−2.455%，但作用较微弱。从 1997~2011 年的整体数据上看，对外经济依存度对工业废气排放强度差异的贡献度为−2.800%~4.231%，平均贡献度为 1.564%，其影响基本可以忽略。在分区域情况下，对外经济依存度对区域间工业废水排放强度不平等的贡献为 2.540%~3.320%，平均贡献仅有 2.925%，有扩大区域间工业废水排放强度差异的作用，这与分省的情况刚好相反。对外经济依存度对工业废气以及工业固体废弃物排放强度差异的平均贡献则分别为 3.153%和 4.274%，较分省情况有一些提高，但仍不显著。

（四）地区间的环境治理效率差异巩固了地区环境不平等

政府环境规制的主要形式是环境污染治理投入，其实施效果会影响各地区的环境污染状况，进而使地区环境不平等产生相应变化。因此，掌握政府环境规制在各地区的实施成效并对其进行客观准确的评价尤为重要。本书在运用 DEA 三阶段法的基础上引入空间地理变量，对 2004~2011 年中国各省市的环境污染治理效率进行了测度，并从东中西部三大区域对环境污染治理效率与区域间环境治理差异进行分析。研究结果表明：东部环境污染治理的综合效率在三大区域中水平较高且变动相对平稳，东部综合效率值虽然仅在 2004 年为有效，但每年都能达到 0.92 以上，这反映出东部对环境污染治理投入的使用效率能始终维持在一个相对较高的水平，在既定的要素投入下，可以比较合理地进行投入要素的配置和利用，以提升产出水平，从而提升区域内污染治理的整体成效。中部的表现弱于东部，但与西部相比有一定优势，其综合效率值在 2004~2011 年的整个样本期间内基本保持在 0.86 以上的水平，在 2007 年出现了较大幅度的回落（主要是规模效率下降过快引起的）。值得注意的是，西部地区所有年份的综合效率不仅全部无效，并且在 8 年观察期内仅有 2 年处于 0.90 以上，并且还呈现出波动性下降趋势，与东中部差距非常明显。这说明，西部在目前投入要素持续增加的情况下，相应的产出能力却由于受到综合效率回落的限制而不断下降。将各区域综合效率进行分解后发现，在 2008 年以前，东部环境污染治理效率水平较高得益于纯技术效率的贡献，而从 2009 年后则得益于规模效率的贡献。中部地区纯技术效率与规模效率的相对低下成为制约其综合效率进一步提高的关键因素。东中部环境污染治理差距更多体现在纯技术效率上，而西部地区却受到投入要素总量不足、纯技术效率及规模效率低下三方面的约束。由此可见，正是在区域间环境污染治理效率的差距以及累积效应的长期共同作用下，造成了中国东中西部环境治理差异的逐渐扩大，并且在一定程度上加深了西部的劣势，巩固了地区间的环境不平等。

二、政策建议

通过以上分析可以看出，现阶段中国地区间的环境不平等状况十分明显。一方面，经济发展水平差距在很大程度上造就了地区间工业污染排放强度差异；另一方面，环境治理投入的运行效率差距导致了地区间的环境治理差异。为了在经济发展的同时减少工业污染排放从而达到缩小地区环境不平等的目的，基于研究分析，提出如下政策建议。

（1）各级政府应在正视客观存在的地区环境不平等基础上，结合节能减排目标进行地区产业布局和制定区域经济发展规划。目前，中国各地区工业污染排放强度随着经济发展逐渐降低，但地区间的排放差异却并未缩小甚至存在扩大趋势。由于中国各地区的工业化尚处于初中级阶段，如果不严加监控，可能会使地区间的环境不平等加剧，达到不可逆转的程度。因此，为避免出现上述情况，政府在进行产业布局和区域经济发展规划时，需要考虑将地区环境不平等现实作为重要参考，并包含进整体策略规划的前期调研，设立由职能部门、监管部门以及相关领域专家组成的专项小组，对各地区间的环境不平等状况进行全面细致的调查取证，除经济效益外重点评估相关规划及项目带来的环境效益，在不同阶段向政府及公众公布调研及评估的阶段性成果，定期举行听证会，接受社会监督。此外，在项目及规划实施后，应设立相应的环境不平等监管及协调机制，考虑影响环境不平等的各方因素，立足地区历史发展状况，最大限度地降低节能减排带来的地区利益冲突，从根本上杜绝以减少地区经济差异为旗号、牺牲地区环境的产业项目立项及规划的实施。

（2）缩小地区间环境不平等应该结合地区环境污染排放特点，重视区域内部的经济合作和污染排放控制合作，增加跨区域的经济、技术交流和污染治理合作，提升整个经济绿色增长空间版图的活跃程度。地区间环境不平等的度量分析表明，中国的环境不平等主要来自区域内部差异，区域内部差异主要来自东部地区。东部地区工业污染排放强度最低差异最大，是中国工业污染的排放大户。而中西部地区内部环境不平等程度较低，但工业污染排放强度却较高，有更大的节能潜力。越来越多的研究文献证明，地理位置邻接地区的社会与经济发展存在空间外溢性（陆宇嘉等，2012），这一特征已逐渐引起人们的重视。因此，要缩小区域内和区域间的环境不平等，除了在各省市推广清洁生产技术外，还应通过适当的政府引导，加强各省市间和企业间的交流合作，最大化地借助空间溢出效应增强整个区域内部的产业联动性，以达到减少污染缩小地区排放差异的目标。

（3）经济发展水平是地区间环境不平等形成的决定性因素，因此应在政绩考核中适当考虑经济发展的环境质量指标，设立简便可行的绿色 GDP 核算体系。长期以来，以 GDP 为主的政绩考核机制使得中国的地方官员有非常强的意愿去促进地方经济的快速增长。为了保证 GDP 增长率，地方政府难免会存在降低准入门槛使得污染性企业流入或者放松对污染排放的行政监管等“投机行为”，由此引发的“逐底竞争”使得各地区在经济快速发展的同时付出了高昂的环境代价。与此同时，中国的国民经济核算一直沿袭联合国制定的 SNA（The System of National Accounts）核算体系，但忽略了环境与自然资源在经济发展中的核算，整个 SNA 核算体系体现的依然是粗放型的经济发展观念。因此，有必要设立简便可行的绿色 GDP 核算体系，以此监督各级政府加快地方经济转型的政策实施效果，调动其改善污染排放的积极性和自觉性，为缩小地区环境不平等提供良好的政策环境。

（4）优化环境污染治理投入结构，提升政府环境规制即环境治理投入的运行效率，增强环境监管及执法效率。可以看到，环境治理投入对区域间环境污染治理差异的影响是一个综合作用过程，各地区如果单纯地依靠投入增加并不能带来有效产出的增加。因此，优化投入结构是缩小东中西部环境污染治理效率差异的关键和长期的战略举措。此外，对于技术进步或者纯技术效率的提高，应该持续关注能有效改善污染治理效果的技术项目并进行投资，逐渐由政府导向转为政府导向和企业自发相结合，在社会范围内起到示范作用。此外，中国各省市对于环境污染治理的投入无论是物质资本或是人力资本都已接近国际水平，但整体上的治理效率仍然很低，究其根源在于环境治理投入缺乏纯技术效率和规模效率。因此要缩小东中西部环境污染治理差距，不仅需增强地区间的技术交流，还要促进各省市的跨地区投入合作，提高资源配置能力和资金管理能力，优化污染治理投入集中力度，形成规模效应。此外，还需在各省市建立监管环境治理投入的动力机制。环境治理需要地方政府和企业双方相互配合，对两者的行为进行有效激励，才能提升地方环境治理效率。这不仅需要中央政府设计相应机制应对地方政府的“环境管理失灵”问题，使经济转型需求转化为地方政府职能变化需求，从而加强环境治理投入的地方监管；还要完善地方政府在招商引资过程中的引导作用，使企业有效利用并配置资源，激励其完成生产方式的转变，这对于缩小地区环境不平等具有重要的意义。

三、研究展望

经济的快速增长为中国社会发展带来了巨大机遇，也带来了严峻的环境压力。中国的财政分权制度对经济体制改革产生了重要的激励和约束作用，却蕴藏着潜在的地区环境不平等缩小障碍。本书在采用收入不平等指标分析框架的基础上进行地区环境不平等的测度与分析，尝试寻找造成地区环境不平等的影响因素，并从环境治理效率角度解释了地区环境治理差异。由于数据的可得性和完整性限制，本书的环境不平等测度只考虑了工业污染排放，而现实环境污染则来自方方面面，生活污染排放的比例逐渐提升。随着高质量数据的出现及相关计量方法的改进完善，对中国环境不平等的度量应该会出现更有针对性的指标工具，估计结果也会更加稳健。

此外，随着环保意识逐渐提高，人们对居住环境的空气质量以及饮用水安全等环境信息有较强的了解意愿。然而，公众的环境意识以及对清洁或恶劣环境带来的正负效用感知仍存在较大差异。收入较低时，人们更关心基本物质需求能否得到满足，很少关注恶劣环境对健康的影响。即使意识到环境污染带来的危害，也缺乏改变现状的能力。相对而言，拥有较高收入的民众对参与环保及维护自身权益有较高积极性，一定程度上能够左右污染企业的选址落户，使污染源迁移至收入水平较低的社区。本书仅就中国地区环境不平等问题进行了较为系统的研究分析，无法对中国不同群体间环境不平等问题进行解答。中国虽不存在类似美国的种族矛盾，但居民间悬殊的贫富差异、不同的文化教育水平等因素均可能催生出群体间的环境不平等现象，而哪类群体更多地承担了环境风险，又有哪些因素造成了群体环境不平等，也是值得进一步思考的方向。

参考文献

[1] Adeola F. Cross -national Environmental Justice and Human Rights Issues: a Review of Evidence in the Developing World [J]. America Behavior Science, 2000 (43): 686–706.

[2] Akbostanci E., Tun G. I. and Tűrűk–Asik S. Pollution Haven Hypothesis and the Role of Dirty Industries in Turkey's Exports [J]. Environment and Development Economics, 2004, 12 (2): 297–322.

[3] Allen V. K., Robert U. A. and Ralph C. A. Economics and the Environment: A Materials Balance Approach [M]. Washington, D.C.: Resources for the Future, 1970.

[4] Anderton D. L., Anderson A. B., Oakes J. M. and Fraser M. R. Environmental Equity: the Demographics of Dumping [J]. Demography 1994 (31): 229–248.

[5] Anderton D. L., Oakes J. M. and Egan K. L. Environmental Equity in Superfund: Demographics of the Discovery and Prioritization of Abandoned Toxic Sites [J]. Evaluation Review, 1997, 21 (1): 2–26.

[6] Ankarhem M. A Dual Assessment of the Environmental Kuznets Curve: The Case of Sweden [R]. Umea Economic Studies 660, Umea University, 2005.

[7] Atkinson A. B. On the Measurement of Inequality [J]. Journal of Economic Theory, 1970 (2): 244–263.

[8] Atkinson A. B. The Economics of Inequality (Second ed.) [M]. Oxford: Clarendon Press, 1983.

[9] Banker R. D., Charnes R. F. and Cooper W.W. Some Models for Estimating Technical and Scale Inefficiencies in Data Envelopment Analysis [J]. Management Science, 1984, 30 (9): 1078–1092.

[10] Been V. and Gupta F. Coming to the Nuisance or Going to the Barrios? A Longitudinal Analysis of Environmental Justice Claims [J]. Ecological Law Quarterly, 1997 (24): 1–56.

[11] Bennett L. L. The Integration of Water Quality into Transboundary Allocation Agreement Lessons from the Southwestern United States [J]. Agricultural Economics, 2000 (24): 113–125.

[12] Bowen W. M., Salling M. J., Haynes K.E. and Cyran E.J. Toward Environmental Justice: Spatial Equity in Ohio and Cleveland [J]. Annual Association of American Geographers, 1995, 85 (4): 641–663.

[13] Brown P. Race, Class, and Environmental Health: a Review and Systemization of the Literature [J]. Environmental Research, 1995 (69): 15–30.

[14] Brulle R.J. and Pellow D. N. Environmental Justice: Human Health and Environmental Inequalities. Annual Review of Public Health. 2006, 27 (1): 103–124.

[15] Bryant B. and Mohai P. (Eds.) Race and the Incidence of Environmental Hazards: A Time for Discourse [M]. Westview Press, Boulder, CO., 1992.

[16] Bullard R. D. Symposium: the Legacy of American Apartheid and Environmental Racism [J]. St. John's J. Leg. Comment, 1996(9): 445–474.

[17] Bullard R. D. Dumping in Dixie: Race, Class, and Environ-

mental Quality, Third ed. [M]. Westview Press, Boulder, 2000.

[18] Buzzelli M. and Jerrett M. Comparing Proximity Measures of Exposure to Geostatistical Estimates in Environmental Justice Researchl [J]. Environmental Hazards, 2003 (5): 13–21.

[19] Buzzelli M. and Jerrett M. Racial Gradients of Ambient Air Pollution Exposure in Hamilton, Canada [J]. Environment and Planning, 2004 (36): 1855–1876.

[20] Cantore N. and Padilla E. Equality and CO_2 Emissions Distribution in Climate Change Integrated Assessment Modeling [J]. Energy, 2010, 35 (1): 298–313.

[21] Cantore N. Distributional Aspects of Emissions in Climate Change Integrated Assessment Models [J]. Energy Policy, 2011 (39): 2919–2924.

[22] Carson R. T., Jeon Y. and McCubbin D. R. The Relationship between Air Pollution Emissions and Income: US Data [J]. Environment and Development Economics, 1997, 2 (4): 433–450.

[23] Charnes A, Cooper W.W. and Rhodes E. Measuring the Efficiency of Decision Making Units [J]. European Journal of Operational Research, 1978, 2 (6): 429–444.

[24] Checker M. Polluted Promises: Environmental Racism and the Search for Justice in a Southern Town [M]. NYU Press, New York, 2005.

[25] Chen Y. F. Idea and Authority: the Roles of Intellectuals in Environmental Justice Campaigns in China and Taiwan [R]. Paper Prepared for ISA Convention, University of Maryland, 2005.

[26] Clarke–Sather A., Qu J., Wang Q., Zeng J. and Li Y. Carbon Inequality at the Sub–national Scale: A Case Study of Provincial–level In–

equality in CO_2 Emissions in China 1997-2007 [J]. Energy Policy, 2011 (39): 5420-5428.

[27] Cole M. A. and Elliott R. J. R. FDI and the Capital Intensity of Dirty Sectors: A Missing Piece of the Pollution Haven Puzzle [J]. Review of Development Economics, 2005, 9 (4): 530-548.

[28] Cole M. A., Rayner A. J. and Bates J. M. The Environmental Kuznets Curve: An Empirical Analysis [J]. Environment and Development Economics 1997, 2 (4): 401-416.

[29] Copeland B. R, and Taylor M. S. North-South Trade and the Environment [J]. Environment Quarterly Journal of Economics, 1994, 109 (3): 755-787.

[30] Copeland B. R, and Taylor M. S. Trade, Growth, and the Environment [J]. Journal of Economic Literature, 2004, 42 (1): 7-71.

[31] Cowell, F. A. Measures of Distributional Change: An Axiomatic Approach [J]. Review of Economic Studies, 1985 (52): 135-151.

[32] Cowell, F. A. Measuring Inequality (2nd edition) [M]. Harvester Wheatsheaf, Hemel Hempstead, 1995.

[33] Cowell, F. A. and Jenkins S. P. How much Inequality can we Explain? A Methodology and an Application to the USA [J]. The Economic Journal, 1995 (105): 421-430.

[34] Cowell F. A. Measuring Inequality——Techniques for the Social Sciences [M]. New York: John Wiley & Sons, 1997.

[35] Cowell F. A. Measurement of Inequality [M]. In A. B. Atkinson and F. Bourguignon (Eds.), Handbook of Income Distribution, Chapter 2, 87-166. Amsterdam: North Holland, 2000.

[36] Cowell F. A. Measuring Inequality (Third ed.) [M]. Hemel Hempstead: Oxford University Press, 2007.

[37] Critharis M. Third World Nations are Down in the Dumps: the Exportation of Hazardous Waste [J]. Brooklyn J. Int. Law, 1990 (6): 311-339.

[38] Dagum C. On the Relationship between Income Inequality Mmeasures and Social Welfare Functions [J]. Journal of Econometrics, 1990 (43): 91-102.

[39] Dales J. H. Pollution, Property & Prices: An Essay in Policy-Making and Economics [M]. Toronto: University of Toronto Press, 1968.

[40] Dalton H. Measurement of the Inequality of Incomes [J]. The Economic Journal, 1920, 30 (9): 348-361.

[41] Daniels G. and Friedman S. Spatial Inequality and the Distribution of Industrial Toxic Releases: Evidence from the 1990 TRI [J]. Social Science Quarterly, 1999 (80): 244-262.

[42] Dasgupta S., Huq M. and Wheeler D. Water Pollution Abatement by Chinese Industry: Cost Estimates and Policy Implications [R]. Policy Research Working Paper No.1630, Washington D. C.: World Bank, 1996.

[43] Dasgupta S. and Wheeler D. Citizen Complaints as Environmental Indicators: Evidence from China [R]. Policy Research Working Paper no.1704, Washington D. C.: World Bank, 1997.

[44] Davidson P. and Anderton D. L. Demographics of Dumping II: a National Environmental Equity Survey and the Distribution of Hazardous Materials Handlers [J]. Demography, 2000, 37 (4): 461-466.

[45] Deaton A. The Analysis of Household Surveys: A Microeconomic Approach to Development Policy [M]. Baltimore and London: Johns Hopkins University Press, 1997.

[46] Dietz, T. and Rosa E. A. Rethinking the Environmental Impacts

of Population, Affluence and Technology [J]. Human Ecology Review, 1994. (1): 277-300.

[47] Dietz, T. and Rosa E. A. Effects of Population and Affluence on CO_2 Emissions [C]. Proceedings of the National Academy of Sciences of the USA, 1997 (94): 189.

[48] Donella H., Meadows D. L., Meadows J. R. and William W. B. III. The Limits to Growth [M]. New York: University Books, 1972.

[49] Downey L., Dubois S., Hawkins B. and Walker M. Environmental Inequality in Metropolitan America[J]. Organic Environment, 2008 (21): 270-295.

[50] Duro J. A. and Padilla E. International Inequalities in per Capita CO_2 Emissions: a Decomposition Methodology by Kaya factors [J]. Energy Economics, 2006 (28): 170-187.

[51] Ehrlich P. R. and Holdren J. P. Impact of Population Growth [J]. Science, 1971 (171): 1212-1217.

[52] Ekins P. The Kuznets Curve for the Environment and Economic Growth: Examining the Evidence [J]. Environment and Planning A, 1997 (29): 805-830.

[53] Evans G.W. and Kantrowitz E. Socioeconomic Status and Health: the Potential Role of Environmental Risk Exposure [J]. Annual Review of Public Health, 2002 (23): 303-331.

[54] Farrell M. J. The Measurement of Productive Efficiency [J]. Journal of the Royal Statistical Society, Series A, General, 1957, 120 (3): 253-281.

[55] Fishman R. Bourgeois Utopias: The Rise and Fall of Suburbia [M]. Basic Books, New York, 1987.

[56] Fogelson R. M. Downtown: Its Rise and Fall, 1880-1950[M].

Yale University Press, New Haven, CT, 2001.

[57] Fogelson R. M. Bourgeois Nightmares: Suburbia, 1870–1930 [M]. Yale University Press, New Haven, CT, 2005.

[58] Fried, Lovell, Schmidt and Yaisawarng. Accounting for Environmental Effects and Statistical Noise in Data Envelopment Analysis [J]. Journal of Productivity Analysis, 2002, 17 (1/2): 157–174.

[59] General Accounting Office (U.S.). Siting of Hazardous Waste Landfills and Their Correlation with Racial & Economic Status of Surrounding Communities [M]. U.S. General Accounting Office, Gaithersburg, MD, 1983.

[60] Giles D. E. A. and Mosk C. A. Ruminant Eructation and Long-run Environmental Kuznets Curve for Enteric Methane in New Zealand: Conventional and Fuzzy Regression Analysis [R]. University of Victoria Department of Economics, Econometrics Working Paper EWP0306, 2003.

[61] Gini C. Indicidi Concent Razione e di Dipendenza [J]. A tti del la I I I riunione del la S ocieta I taliana per i l Prof resso del le Scienze, 1910 (65): 453–469.

[62] Gini C. Sulla Misura Della Concent Razione e Della Variabilita Dei Caratteri [J]. A tti del R. I nstituto Veneto di S S . L L . A A., 1914 (73): 1203–1248.

[63] Goldman B. A. and Fitton L. Toxic Wastes and Class Revisited: An Update of the 1987 Report on the Racial and Socioeconomic Characteristics of Communities with Hazardous Waste Sites [M]. Center for Policy Alternatives, Washington, D.C, 1994.

[64] Graff Zivin J. and Neidell, M. The Impact of Pollution on Worker Productivity [J]. American Economic Review, 2012, 102 (7): 3652–3673.

［65］ Greenberg M. Proving Environmental Inequity in Siting Locally Unwanted Land Uses［J］. Risk Issues Health & Safety，1993（4）：235-245.

［66］ Groot L. Carbon Lorenz Curves［J］. Resource and Energy Economic，2010（32）：45-64.

［67］ Grossman G. and Krueger A. Environmental Impacts of A North American Free Trade Agreement，The U.S.-Mexico Free Trade Agreement［M］. Cambridge，MA：The MIT Press，1993.

［68］ Grossman G. and Krueger A. B. Economic Growth and the Environment［J］. Quarterly Journal of Economies，1995，110（2）：353-377.

［69］ Hamilton J. T. Testing for Environmental Racism：Prejudice，Profits，Political Power?［J］. Journal of Policy Analysis and Management，1995，14（1）：107-132.

［70］ Hedenus F. and Azar C. Estimates of Trends in Global Income and Resource Inequalities［J］. Ecological Economics，2005，55（3）：351-364.

［71］ Heil M. T.，Wodon Q. T. Inequality in CO_2 Emissions between Poor and Rich Countries［J］. Journal of Environment and Development，1997（6）：426-452.

［72］ Heil M. T. and Wodon Q. T. Future Inequality in CO_2 Emissions and the Impact of Abatement Proposals［J］. Environmental and Resource Economics，2000（17）：163-181.

［73］ Hill S. Reforms for a Cleaner，Healthier Environment in China［R］. OECD Economics Department Working Papers，No. 1045，OECD Publishing，2013.

［74］ Hird J. A. Environmental Policy and Equity：the Case of Superfund［J］. Journal of Policy Analysis and Management，1993，12（2）：323-343.

[75] Hird J. A. and Reese M. The Distribution of Environmental Quality: an Empirical Analysis [J]. Social Science Quarterly, 1998, 79 (4): 693-716.

[76] Hung M. F. and Shaw D. Economic Growth and the Environ-mental Kuznets Curve in Taiwan: a Simultaneity Model Analysis [R]. De-partment of Economics, National Cheng-Chi University, Mimeo, 2002.

[77] Hurley A. Environmental Inequalities: Race, Class, and In-dustrial Pollution in Gary, Indiana, 1945-1980 [M]. University of North Carolina Press, Chapel Hill, 1995.

[78] IEA . CO_2 Emissions from Fuel Combustion [R]. IEA, Paris, 2012.

[79] Jackson K. T. Crabgrass Frontier: The Suburbanization of Ameri-ca [M]. Oxford University Press, New York, 1985.

[80] Kahrl F. and Roland-Holst R. Carbon Inequality [R]. Center for Energy, Resources, and Economic Sustainability, Research Paper, No. 07090701, 2007.

[81] Kaldellis J. K. Chalvatzis K. J. and Spyropoulos G. C. Trans-boundary Air Pollution Balance in the New Integrated European Environ-ment [J]. Environmental Science & Policy, 2007, 10 (7/8): 725-733.

[82] Kaufmann R. K., Davidsdottir B., Garnham S. and Pauly P. The Determinants of Atmospheric SO_2 Concentrations: Reconsidering the Environmental Kuznets Curve [J]. Ecological Economics, 1997 (25): 209-220.

[83] Kolm S. C. Unequal Inequalities I [J]. Journal of Economic Theory, 1976a (12): 416-442.

[84] Kolm S. C. Unequal Inequalities II [J]. Journal of Economic Theory, 1976b (13): 82-111.

[85] Laurian L. Environmental Injustice in France [J]. Journal of Environmental Planning and Management, 2008, 51 (1): 55-79.

[86] Lee C. Richter A. and Lee H. et al. Impact of Transport of Sulfur Dioxide from the Asian Continent on the Air Quality over Korea During May 2005 [J]. Atmospheric Environment, 2008, 42 (7): 1461-1475.

[87] Lerner S. Diamond: A Struggle for Environmental Justice in Louisiana's Chemical Corridor [M]. MIT Press, Cambridge, MA, 2005.

[88] Lester J. P., Allen D. W. and Hill K. M. Environmental Injus tice in the United States: Myths and Realities [M]. Westview Press, Boulder, CO, 2001.

[89] List J. A. and Gallet C. A. The Environmental Kuznets Curve: Does One Size Fit All? [J]. Ecological Economics, 1999 (31): 409-424.

[90] Lloyd-Smith M. and Bell L. Toxic Disputes and the Rise of Environmental Justice in Australia [J]. International Journal of Occupational and Environmental Health Vol, 2003 (9): 14-23.

[91] Lovell C. A. K. Production Frontiers and Productive Efficiency. in Fried H. O., Lovell C. A. K. and Schmidteds S. S. The Measurement of Productive Efficiency: Techniques and Applications [M]. New York: Oxford University Press, 1993.

[92] Ma C. and Schoolman E. D. Who Bears the Environmental Burden in China? An Analysis of the Distribution of Industrial Pollution Sources [J]. Ecological Economy, 2010 (69): 1869-1876.

[93] Ma C. and Schoolman E. D. Migration, Class and Environmental Inequality: Exposure to Pollution in China's Jiangsu Province [J]. Ecological Economy, 2012 (75): 140-151.

[94] Marbury H. Hazardous Waste Exportation: the Global Manifestation of Environmental Racism [J]. Vanderbilt Journal of Transnational

Law, 1995 (28): 251–294.

[95] McCleod L., Jones L., Stedman A., Day R., Lorenzi I. and Bateman I. The Relationship between Socio–Economic Indicators and Air Pollution in England and Wales: Implications for Environmental Justice [J]. Regional Environmental Change 2000 (1): 78–85.

[96] Mohai P. and Bryant B. Environmental Racism: Reviewing the Evidence. In: Bryant, B., Mohai, P. (Eds.), Race and the Incidence of Environmental Hazards [M]. Westview, Boulder, CO, 1992: 163–176.

[97] Mohai P. and Saha R. Reassessing Racial and Socioeconomic Disparities in Environmental Justice Research[J]. Demography, 2006, 43 (2): 383–399.

[98] Mohai P. and Saha R. Racial Inequity in the Distribution of Hazardous Waste: a National–level Reassessment [J]. Social Problems, 2007, 54 (3): 343–370.

[99] Mohai P., Pellow D. and Roberts J. T. Environmental Justice [J]. Annual Review of Environment and Resources, 2009 (34): 405–430.

[100] Morello–Frosch R. and Jesdale B. Separate and Unequal: Residential Segregation and Estimated Cancer Risk Associated with Ambient Air Toxics in U.S. Metropolitan Areas [J]. Environmental Health Perspect, 2006, 114 (3): 386–393.

[101] Morello–Frosch R., Pastor M. and Sadd J. Environmental Justice and Southern California's 'riskscape': the Distribution of Air Toxics Exposures and Health Risks among Diverse Communities [J]. Urban Affairs Review, 2001, 36 (4): 551–578.

[102] Moussiopoulos N. Helmis C. G. and Flocas H. A. et al. A Modelling Method for Estimating Transboundary Air Pollution in Southeast–

ern Europe [J]. Environmental Modelling & Software, 2004, 19 (6): 549-558.

[103] Naeser R. B. and Bennett L L. The Cost of Noncompliance: The Economic Value of Water in the Middle Arkansas River Valley [J]. Natural Resources Journal, 1998 (38): 445-463.

[104] Oakes J. M., Anderton D. L. and Anderson A.B. A Longitudinal Analysis of Environmental Equity in Communities with Hazardous Waste Facilities [J]. Social Science Research, 1996 (23): 125-148.

[105] Padilla E. and Serrano A. Inequality in CO_2 Emissions across Countries and its Relationship with Income Inequality: a Distributive Approach [J]. Energy Policy, 2006 (34): 1762-1772.

[106] Palmer M. Towards a Greener China? Accessing Environmental Justice in the People's Republic of China. In: Harding, A. (Ed.), Access to Environmental Justice: a Comparative Study [M]. Martinus Nijhoff, Leiden, 2007: 205-235.

[107] Panayotou T. Environmental Degradation at Different Stages of Economic Department, in I. Ahmed and J. A. Doeleman, eds, Beyond Rio: The Environmental Crisis and Sustainable Livelihoods in the Third World [M]. London: Macmillan Press, 1995.

[108] Panayotou T. Demystifying The Environmental Kuznets Curve: Turning A Black Box into a Policy Tool, Special Issue on Environmental Kuznets Curves [J]. Environment Development Economics, 1997, 2 (4): 465-484.

[109] Pareto V. La Legge Della Domanda [J]. Giornale Degli Economist, 1895 (12): 59-68.

[110] Pastor M., Sadd J. L. and Hipp J. Which Came First? Toxic Facilities, Minority Movein, and Environmental Justice [J]. Journal of Ur-

ban Affairs, 2001 (23): 1-21.

[111] Pen J. Income Distribution [M]. London: Allen Lane, Harmondsworth, 1971.

[112] Perlin S. A., Setzer R.A., Creason J. and Sexton K. Distribution of Industrial Air Emissions by Income and Race in the United States: an Approach Using the Toxic Release Inventory [J]. Environmental Science & Technology, 1995 (29): 69-80.

[113] Pigou A. C. Wealth and Welfare [M]. London: Macmillan, 1912.

[114] Ringquist E. J. Equity and the Distribution of Environmental Risk: the Case of TRI facilities [J]. Social Science Quarterly, 1997 (78): 811-829.

[115] Ringquist E. J. Assessing Evidence of Environmental Inequities: a Meta-analysis [J]. Journal of Policy Analysis & Management, 2005 (24): 223-247.

[116] Robert D. K. and Vachon S. Collaboration and Evaluation in the Supply Chain: The Impact on Plant-level Environmental Investment [J]. Production and Operations Management, 2003, 12 (3): 336-352.

[117] Roca J., Padilla E. and Farre M., et al. Economic Growth and Atmosphere Pollution in Spain: Discussing the Environmental Kuznets Curve Hypothesis [J]. Ecological Economics, 2001, 39 (1): 85-99.

[118] Rothman D. S. Environmental Kuznets Curves—Real Progress or Passing the Buck? A Case for Consumption-based Approaches [J]. Ecological Economics, 1998 (25): 177-194.

[119] Selden T. M. and Song D. Environmental Quality and Development: Is there a Kuznets Curve for Air Pollution Emissions? [J]. Journal of Environmental Economies and Management, 1994 (27): 147-162.

[120] Sen A. K. On Economic Inequality [M]. Oxford University Press, London, 1973.

[121] Shafik N. and Bandyopadhyay S. Economic Growth and Environmental Quality: Time Series and Cross-Country Evidence [R]. Background Paper for the World Development Report 1992, The World Bank, Washington DC, 1992.

[122] Shafik N. Economic Development and Environmental Quality: an Econometric Analysis [J]. Oxford Economic Papers, 1994 (46): 757-773.

[123] Shorrocks A. Inequality Decomposition by Factor Components [J]. Econometrica, 1982, 50 (1): 193-211.

[124] Shorrocks A. Decomposition Procedures for Distributional Analysis: A Unified Framework Based on the Shapley Value [Z]. Department of Economics, University of Essex, 1999.

[125] Shorrocks A, and Slottje D. Approximating Unanimity Orderings: An Application to Lorenz Dominance [J]. Journal of Economics (Supplement), 2002 (9): 91-118.

[126] Shorrocks A. and Wan G. Spatial Decomposition of Inequality [J]. Journal of Economic Geography, 2005, 5 (1): 59-82.

[127] Stern D. I. The Rise and Fall of the Environmental Kuznets Curve [J]. World Development, 2004, 32 (8): 1419-1439.

[128] Stern D. I. and Common M. S. Is There an Environmental Kuznets Curve for Sulfur? [J]. Journal of Environmental Economics and Environmental Management, 2001 (41): 162-178.

[129] Streets D. G. Joshua S. F. And Carey J. J. et al. Air Quality during the 2008 Beijing Olympic Games [J]. Atmospheric Environment, 2007, 41 (3): 480-492.

[130] Suri V. and Chapman D. Economic Growth, Trade and the Energy: Implications for the Environmental Kuznets Curve[J]. Ecological Economics, 1998 (25): 195-208.

[131] Szasz A. and Meuser M. Environmental Inequalities: Literature Review and Proposals for New Directions in Research and Theory [J]. Current Sociology, 1997, 45 (3): 99-120.

[132] Theil H. Statistical Decomposition Analysis [M]. Amsterdam: North-Holland Publishing Co, 1972.

[133] Thomas V., Wang Y. and Fan X. Measuring Education Inequality: Gini Coefficients of Education [R]. World Bank Research Working Paper, No. WPS2525, 2000.

[134] Torras M. and Boyce J. K. Income, Inequality and Pollution: A Reassessment of the Environmental Kuznets Curve [J]. Ecological Economics, 1998, 25 (2): 147-160.

[135] US Environ, Prot, Agency (EPA). Environmental Equity: Reducing Risks for All Communities [R]. Washington, DC: EPA, 1992.

[136] Verbeke T. and Clercq M. D. Environmental Quality and Economic Growth [R]. Faculty of Economics and Business Administration Ghent University. Working Paper No. 2002/128.Centre for Environmental Economics and Management, 2002.

[137] Vincent J. R. Testing for Environmental Kuznets Curves within a Developing Country, Special Issue on Environmental Kuznets Curves[J]. Environment and Development Economics, 1997, 2 (4): 417-431.

[138] Wan G. Regression-based Inequality Decomposition: Pitfalls and a Solution Procedure [R]. WIDER Discussion Paper, 2002/101, 2002.

[139] Wang H. Pollution Charge, Community Pressure, and Abatement Cost: an Analysis of Chinese Industry [R]. Policy Research Working

Paper No. 2337, Washington D. C.: World Bank, 2000.

[140] Wang H. and Wheeler D. Financial Incentives and Endogenous Enforcement in China's Pollution Levy System [J]. Journal of Environmental Economics and Management, 2005, 49 (1): 174-196.

[141] Weinroth E. Luria M. and Emery C. et al. Simulations of Mideast Transboundary Ozone Transport: A Source Apportionment Case Study [J]. Atmospheric Environment, 2008, 42 (16): 3700-3716.

[142] Xing Y. and Kolstad C. D. Do Lax Environmental Regulations Attract Foreign Investment? [J]. Environmental and Resource Economics, 2002, 21 (2): 1 -22.

[143] York R., Rosa E. A. and Dietz T. Footprints on the Earth: The Environmental Consequences of Modernity. American Sociological Review, 2003, 68 (2): 279-300.

[144] Zimmerman R. Social Equity and Environmental Risk [J]. Risk Analysis, 1993 (13): 649-666.

[145] 安树民，张世秋. 中国西部地区的环境——贫困与产业结构退化 [J]. 预测，2005，24 (1)：14-18.

[146] 包群，彭水军. 经济增长与环境污染：基于面板数据的联立方程估计 [J]. 世界经济，2006，29 (11)：48-58.

[147] 陈健生. 生态脆弱地区农村慢性贫困研究 [D]. 西南财经大学博士学位论文，2008.

[148] 程真，陈长虹，黄成等. 长三角区域城市间一次污染跨界影响 [J]. 环境科学学报，2011，31 (4)：686-694.

[149] 杜立民. 我国二氧化碳排放的影响因素：基于省际面板数据的研究 [J]. 南方经济，2010 (11)：20-33.

[150] 戴维·皮尔斯，李瑞丰·沃福德. 世界无末日 [M]. 北京：中国环境出版社，1996.

［151］郭朝先. 中国二氧化碳排放增长因素分析——基于 SDA 分解技术［J］. 中国工业经济，2010（12）47-56.

［152］洪大用. 当代中国环境公平问题的三种表现［J］. 江苏社会科学，2001（3）：39-43.

［153］黄菁. 外商直接投资与环境污染——基于联立方程的实证检验［J］. 世界经济研究，2010（2）：80-86.

［154］黄宪，余丹，杨柳. 我国商业银行 X 效率研究——基于 DEA 三阶段模型的实证分析［J］. 数量经济技术经济研究，2008，25（7）：80-91.

［155］黄莹，王良健，李桂峰，蒋荻. 基于空间面板模型的我国环境库兹涅茨曲线的实证分析［J］. 南方经济，2009（10）：59-69.

［156］蒋金荷. 中国碳排放量测算及影响因素分析［J］. 资源科学，2011（4）：597-562.

［157］李国志，李宗植. 中国二氧化碳排放的区域差异和影响因素研究［J］. 中国人口·资源与环境，2010（5）：22-27.

［158］李廉水，宋乐伟. 新型工业化道路的特征分析［J］. 中国软科学，2003（9）：38 -42.

［159］李姝. 城市化、产业结构调整与环境污染［J］. 财经问题研究，2011（6）：38-43.

［160］李周，孙若梅. 生态敏感地带与贫困地区的相关性分析［J］. 农村经济与社会，1994（4）：49-56.

［161］刘纪山. 基于 DEA 模型的中部六省环境治理效率评价［J］. 生产力研究，2009（17）：93-94.

［162］刘立秋，刘璐. 区域环保投资 DEA 相对有效性分析［J］. 天津大学学报：社会科学版，2000，2（1）：61-64.

［163］陆宇嘉，杨俊，谭宏. 环境约束下中国省域经济增长的空间计量分析［J］. 山西财经大学学报，2012（9）：14-25.

［164］迈克尔·P. 托达罗. 经济发展与第三世界［M］. 北京：中国经济出版社，1992.

［165］潘家华，张丽峰. 我国碳生产率区域差异性研究［J］. 中国工业经济，2011（5）：47–57.

［166］潘晓东. 论国际环境公平义务的形成与确认［J］. 中国人口·资源与环境，2004（5）：3–7.

［167］宋涛，郑挺国，佟连军. 基于面板协整的环境库兹涅茨曲线的检验与分析［J］. 中国环境科学，2007，27（4）：572–576.

［168］宋增基，李春红. 中国保险业 DEA 效率实证分析［J］. 系统工程学报，2007，22（1）：93–97.

［169］田士超，陆铭. 教育对地区内收入差距的贡献：来自上海微观数据的考察［J］. 南方经济，2007（5）：12–21.

［170］涂正革，肖耿. 中国工业增长模式的转变——大中型企业劳动生产率的非参数生产前沿动态分析［J］. 管理世界，2006（10）：57–67，81.

［171］万广华. 解释中国农村区域间的收入不平等：一种基于回归方程的分解方法［J］. 经济研究，2004（8）：117–127.

［172］万广华. 不平等的度量与分解［J］. 经济学（季刊），2008（10）：347–368.

［173］王慧. 被忽视的正义——环境保护中市场机制的非正义及其法律应对［J］. 云南财经大学学报，2010（6）：111–118.

［174］王佳. 中国地区碳不平等：测度及影响因素［D］. 重庆大学博士学位论文，2012.

［175］王金南，蔡博峰，曹东，周颖，刘兰翠. 中国 CO_2 排放总量控制区域分解方案研究［J］. 环境科学学报，2011（4）：680–685.

［176］王淑兰，张远航，钟流举等. 珠江三角洲城市间空气污染的相互影响［J］. 中国环境科学，2005，25（2）：133–137.

［177］ 温海霞. 基于环境公平理论对我国环境政策评析及调整对策研究 ［D］. 天津大学硕士学位论文. 2006.

［178］ 许和连，邓玉萍. 外商直接投资导致了中国的环境污染吗？——基于中国省际面板数据的空间计量研究［J］. 管理世界，2012（2）：30–43.

［179］ 颜伟，唐德善. 基于 DEA 模型的中国环保投入相对效率评价研究［J］. 生产力研究，2007（4）：21–22.

［180］ 闫文娟，郭树龙，熊艳. 政府规制和公众参与对中国环境不公平的影响——基于动态面板及中国省际工业废水排放面板数据的经验研究［J］. 产经评论，2012（3）：102–110.

［181］ 杨俊，盛鹏飞. 环境污染对劳动生产率的影响研究［J］. 中国人口科学，2012（5）：56–65.

［182］ 杨俊，王佳，张宗益. 中国省际碳排放差异与碳减排目标实现——基于碳洛伦兹曲线的分析［J］. 环境科学学报，2012（8）：2016–2023.

［183］ 于存海. 论西部生态贫困、生态移民和社区整合［J］. 内蒙古社会科学（汉文版），2004，25（1）：128–133.

［184］ 虞义华，郑新业，张莉. 经济发展水平、产业结构与碳排放强度——中国省级面板数据分析［J］. 经济理论与经济管理，2011（3）：72–81.

［185］ 约翰·罗尔斯. 正义论 ［M］. 何怀宏译. 北京：中国社会科学出版社，1998.

［186］ 查冬兰，周德群. 地区能源效率与二氧化碳排放的差异性——基于 Kaya 因素分解［J］. 系统工程，2007（11）：65–71.

［187］ 查勇，梁樑，苟清龙等. 部分中间产出作为最终产品的两阶段合作效率［J］. 管理科学学报，2011，14（7）：21–30.

［188］ 张坤民. 中国环境保护投资报告 ［M］. 北京：清华大学出版

社，1992.

［189］张晓平. 中国能源消费强度的区域差异及影响因素分析［J］. 资源科学，2008（6）：883–889.

［190］张彦博，郭亚军. FDI 的环境效应与我国引进外资的环境保护政策［J］. 中国人口·资源与环境，2009，19（4）：7–12.

［191］张志刚，高庆先，韩雪琴等. 中国华北区域城市间污染物输送研究［J］. 环境科学研究，2004，17（1）：14–20.

［192］赵海霞，王波，曲福田等. 江苏省不同区域环境公平测度及对策研究［J］. 南京农业大学学报，2009，32（3）：98–103.

［193］赵济. 中国自然地理［M］. 北京：高等教育出版社. 1995.

［194］赵来军，李怀祖. 流域跨界水污染纠纷对策研究［J］. 中国人口·资源与环境，2003（6）：49–54.

［195］赵跃龙，刘燕华. 中国脆弱生态环境分布及其与贫困的关系［J］. 人文地理，1996，11（2）：1–7.

［196］钟茂初，闫文娟. 环境公平问题既有研究述评及研究框架思考［J］. 中国人口·资源与环境，2012，22（6）：1–6.

［197］钟茂初，闫文娟. 发展差距引致地区间环境负担不公平的实证分析［J］. 经济科学，2012（1）：51–61.